Access 数据库程序设计案例教程

Access Shujuku Chengxu Sheji Anli Jiaocheng

卓 琳 高 晓 谢玉枚 吴小菁 编著

高等教育出版社·北京

内容提要

本书以教育部考试中心颁发的《全国计算机等级考试二级 Access 数据库程序设计考试大纲（2018 年版）》为基础编写。围绕典型案例系统地介绍了 Access 数据库程序设计的基本操作及应用，对相关知识点进行梳理和总结，并有配套习题和综合实验。全书分为 7 章，内容包括数据库基础知识、数据库和表、查询、窗体、报表、宏、VBA 编程基础，并附有等级考试大纲、模拟考试操作样题以及等级考试样题。 本书实例丰富，突出该课程操作性强的特点，并基于典型案例设置了二维码，读者可以借助手机扫描二维码观看专题讲解，实时获取相关操作信息。

本书既可作为高等学校数据库应用课程教材，也可作为相关课程培训教材，还可以作为全国计算机等级考试二级 Access 数据库程序设计考试用书。

图书在版编目（CIP）数据

Access 数据库程序设计案例教程 / 卓琳等编著. -- 北京：高等教育出版社，2019.9（2022.1 重印）
ISBN 978-7-04-052589-2

Ⅰ.①A… Ⅱ.①卓… Ⅲ.①关系数据库系统-程序设计-高等学校-教材 Ⅳ.①TP311.138

中国版本图书馆 CIP 数据核字（2019）第 178353 号

策划编辑	唐德凯	责任编辑	唐德凯	特约编辑	薛秋丕	封面设计	张 志
版式设计	童 丹	插图绘制	于 博	责任校对	王 雨	责任印制	赵义民

出版发行	高等教育出版社	网　址	http://www.hep.edu.cn
社　址	北京市西城区德外大街 4 号		http://www.hep.com.cn
邮政编码	100120	网上订购	http://www.hepmall.com.cn
印　刷	北京中科印刷有限公司		http://www.hepmall.com
开　本	850mm×1168mm 1/16		http://www.hepmall.cn
印　张	9		
字　数	210 千字	版　次	2019 年 9 月第 1 版
购书热线	010-58581118	印　次	2022 年 1 月第 2 次印刷
咨询电话	400-810-0598	定　价	21.00 元

本书如有缺页、倒页、脱页等质量问题，请到所购图书销售部门联系调换
版权所有 侵权必究
物 料 号　52589-00

Access数据库程序设计案例教程

卓 琳　高 晓　谢玉枚
吴小菁　编著

1. 计算机访问http://abook.hep.com.cn/1875781，或手机扫描二维码、下载并安装Abook应用。
2. 注册并登录，进入"我的课程"。
3. 输入封底数字课程账号（20位密码，刮开涂层可见），或通过Abook应用扫描封底数字课程账号二维码，完成课程绑定。
4. 单击"进入课程"按钮，开始本数字课程的学习。

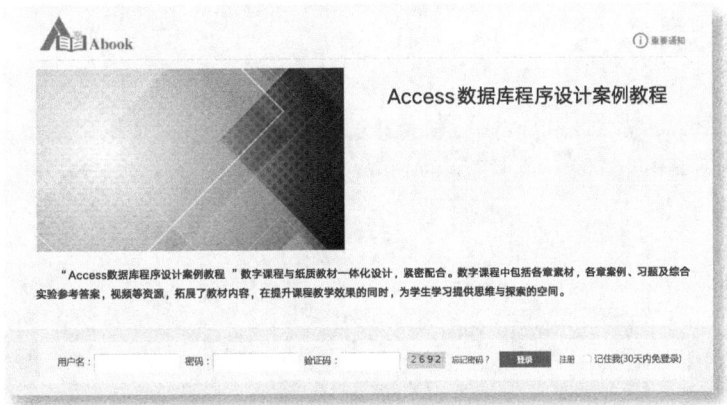

课程绑定后一年为数字课程使用有效期。受硬件限制，部分内容无法在手机端显示，请按提示通过计算机访问学习。

如有使用问题，请发邮件至abook@hep.com.cn。

扫描二维码
下载Abook应用

http://abook.hep.com.cn/1875781

前　　言

教育部在《教育信息化"十三五"规划》中，明确了"人人皆学、处处能学、时时可学"的发展要求，移动互联网教育成为首选。伴随着在线教育的发展，网络精品课程层出不穷，在线课程与线下课堂相结合的教学方式，便于学生自主学习，促进师生互动，提高了教学质量。但是，学生在学习过程中，如果对某个知识点存在疑惑，往往希望能够快速找到解题思路，然而网络精品课程内容丰富，章节数众多，需要花费大量的时间寻找对应的知识点。针对以上情况，本书编写组推出基于典型案例，借助手机扫描二维码获取教学资源的案例教程，使学生能够实时观看专题讲解，快速、便捷地浏览课程图文信息。同时还配备了精心设计的习题和综合实验，便于学生课后自主练习，巩固知识点，提高学习效率。

本书全面介绍 Access 2010 关系数据库系统的各项功能，全书分为 7 章，主要内容有数据库基础知识、数据库和表、查询、窗体、报表、宏、模块和 VBA 程序设计等知识。每一章从知识梳理入手，先分析若干典型案例，每个案例附有相应的视频演示二维码，接着对本章知识点进行小结，最后提供配套习题和综合实验，以便于学生巩固本章内容。

全书体现关系数据库的基本概念和应用要求，通过实例介绍数据库应用系统的设计与开发过程，典型案例视频采用任务驱动的教学方式讲解。本书既可作为高等学校数据库应用课程教材，又适合社会各类计算机应用人员与参加各类计算机等级考试的人员使用。

本书由福建江夏学院卓琳、高晓和谢玉枚负责编写，吴小菁负责案例设计，卓琳和吴小菁负责制作案例视频，杨华和福建师范大学唐磊参与了视频剪辑工作。其中第 1、2、3、7 章由卓琳编写，第 4、5 章由高晓编写，第 6 章由谢玉枚编写，全书由卓琳统稿。

限于作者学识水平，书中难免存在疏漏和不妥之处，敬请广大读者批评指正。

编　者
2019 年 2 月

目　　录

第 1 章　数据库基础知识

1.1　知识梳理 …………………………… 2
　1.1.1　数据库基础知识 ………………… 2
　1.1.2　关系数据库 ……………………… 3
　1.1.3　Access 2010 简介 ……………… 6
1.2　本章小结 …………………………… 8

第 2 章　数据库和表

2.1　知识梳理 …………………………… 10
　2.1.1　数据库和表 ……………………… 10
　2.1.2　编辑表 …………………………… 11
　2.1.3　使用表 …………………………… 12
2.2　典型案例 …………………………… 12
　【案例 1】建立数据库和表 …………… 12
　【案例 2】获取外部数据 ……………… 13
　【案例 3】查阅列表 …………………… 14
　【案例 4】定义主键 …………………… 15
　【案例 5】设置输入掩码 ……………… 15
　【案例 6】设置默认值 ………………… 16
　【案例 7】设置有效性规则 …………… 16
　【案例 8】使用 "OLE 对象" 数据类型
　　　　　　存储照片 ………………… 17
　【案例 9】设置 "计算" 数据类型 …… 17
　【案例 10】建立表间关系 …………… 18
　【案例 11】查找和替换 ……………… 19
　【案例 12】隐藏和冻结列 …………… 19
　【案例 13】排序记录 ………………… 20
　【案例 14】筛选记录 ………………… 20
2.3　本章小结 …………………………… 21
2.4　习题 ………………………………… 22
2.5　综合实验 …………………………… 25

第 3 章　查　　询

3.1　知识梳理 …………………………… 28
　3.1.1　查询概述 ………………………… 28
　3.1.2　结构化查询语言 ………………… 30
3.2　典型案例 …………………………… 32
　【案例 1】使用查询向导创建选择
　　　　　　查询 ……………………… 32
　【案例 2】使用查询向导完成查找
　　　　　　不匹配项 ………………… 32
　【案例 3】参数查询 …………………… 33
　【案例 4】分组统计计算查询 ………… 33
　【案例 5】带 "计算条件" 的查询 …… 34
　【案例 6】交叉表查询 ………………… 36
　【案例 7】生成表查询 ………………… 36
　【案例 8】删除查询 …………………… 37
　【案例 9】更新查询 …………………… 38
　【案例 10】追加查询 ………………… 38
　【案例 11】SELECT 数据查询 ……… 39
3.3　本章小结 …………………………… 41
3.4　习题 ………………………………… 41
3.5　综合实验 …………………………… 43

第 4 章 窗 体

- 4.1 知识梳理 …… 46
  - 4.1.1 窗体概述 …… 46
  - 4.1.2 创建窗体 …… 48
  - 4.1.3 窗体的设计视图 …… 49
  - 4.1.4 常用控件及功能 …… 50
- 4.2 典型案例 …… 51
  - 【案例 1】使用"窗体设计"创建窗体 …… 51
  - 【案例 2】对案例 1 窗体进行修饰 …… 53
- 4.3 本章小结 …… 54
- 4.4 习题 …… 54
- 4.5 综合实验 …… 57

第 5 章 报 表

- 5.1 知识梳理 …… 62
  - 5.1.1 报表的基本概念与组成 …… 62
  - 5.1.2 报表的视图 …… 62
  - 5.1.3 创建报表 …… 63
- 5.2 典型案例 …… 64
  - 【案例 1】创建报表 …… 64
  - 【案例 2】对案例 1 报表进行修改 …… 65
- 5.3 本章小结 …… 67
- 5.4 习题 …… 67
- 5.5 综合实验 …… 70

第 6 章 宏

- 6.1 知识梳理 …… 74
  - 6.1.1 宏的基本概念 …… 74
  - 6.1.2 建立宏 …… 75
- 6.2 典型案例 …… 76
  - 【案例 1】创建独立宏 …… 76
  - 【案例 2】嵌入宏操作一 …… 78
  - 【案例 3】嵌入宏操作二 …… 79
  - 【案例 4】条件宏操作一 …… 79
  - 【案例 5】条件宏操作二 …… 80
- 6.3 本章小结 …… 81
- 6.4 习题 …… 81
- 6.5 综合实验 …… 83

第 7 章 VBA 编程基础

- 7.1 知识梳理 …… 86
  - 7.1.1 VBA 的编程环境 …… 86
  - 7.1.2 VBA 模块简介 …… 87
  - 7.1.3 VBA 程序设计基础 …… 88
  - 7.1.4 VBA 流程控制语句 …… 92
  - 7.1.5 VBA 常用操作 …… 94
- 7.2 典型案例 …… 95
  - 【案例 1】建立子过程 …… 95
  - 【案例 2】建立函数过程 …… 96
  - 【案例 3】建立双分支结构 …… 97
  - 【案例 4】子过程中使用 IIf 函数 …… 98
  - 【案例 5】窗体中使用 IIf 函数 …… 99
  - 【案例 6】建立多分支结构一 …… 100
  - 【案例 7】建立多分支结构二 …… 101
  - 【案例 8】建立多分支结构三 …… 101
  - 【案例 9】建立循环结构一 …… 102
  - 【案例 10】建立循环结构二 …… 103
  - 【案例 11】建立循环结构三 …… 104
  - 【案例 12】建立循环结构四 …… 104
  - 【案例 13】将模块以事件代码形式写入窗体 …… 105
- 7.3 本章小结 …… 106
- 7.4 习题 …… 106
- 7.5 综合实验 …… 110

附录 113

附录 1　全国计算机等级考试二级 Access 数据库程序设计考试大纲
（2018 年版）... 113

附录 2　全国计算机等级考试二级 Access 数据库程序设计模拟考试
操作样题 116

附录 3　全国计算机等级考试二级 Access 数据库程序设计考试样题 118

参考文献 129

第 1 章
数据库基础知识

　　数据库技术是 20 世纪 60 年代后期发展起来的重要技术，它的出现使数据处理进入了一个崭新的时代，它将大量的数据按照一定结构存储起来，在数据库管理系统的集中管理下，实现数据共享。

1.1 知识梳理

本章首先介绍数据库相关的基本概念和数据模型，接着介绍关系数据库系统的基本概念和特点，最后简单介绍 Access 2010 的数据库对象和主界面。

1.1.1 数据库基础知识

在数据库系统中，数据库成为多个用户或应用程序共享的资源，从应用程序中独立出来，由数据库管理系统统一管理。数据库与应用程序之间的关系如图 1-1 所示。

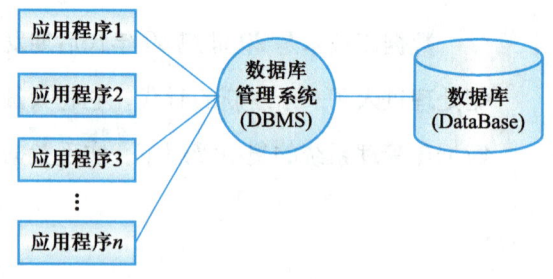

图 1-1 数据库与应用程序之间的关系

1. 基本概念

（1）数据库

数据库（DataBase）是存储在计算机存储设备、结构化的相关数据的集合。它不仅包括描述事物的数据本身，也包括事物之间的关系。

（2）数据库管理系统

数据库管理系统（DataBase Management System，DBMS）是为建立、使用和维护数据库而配置的数据库管理软件。Access 就是一种常见的小型数据库管理系统。

（3）数据库系统

数据库系统（DataBase System，DBS）是指引进数据库技术后的计算机系统。它由计算机硬件系统、数据库、数据库管理系统、相关软件、数据库管理员和用户组成。

（4）数据库应用系统

数据库应用系统（DataBase Application System，DBAS）是数据库系统开发人员利用数据库系统资源开发的面向某一类实际应用的软件系统。

2. 数据模型

数据模型是从现实世界到机器世界的一个中间层次，它是数据库管理系统用来表示实体与实体之间联系的方法，具体分为 3 种：层次模型、网状模型和关系模型。

（1）层次模型

层次模型是数据库系统中最早出现的数据模型，用树形结构来表示各类实体以及实体间的联系。

(2) 网状模型

网状模型解决了层次模型无法表达非层次关系的弊端，用网状结构来表示各类实体以及实体之间的多种联系。

(3) 关系模型

关系模型是用二维表结构来表示实体以及实体之间的联系。在关系模型中，操作的对象和结果都是二维表（又称为关系）。

1.1.2 关系数据库

Access 就是一种关系数据库管理系统。

1. 关系的术语

在 Access 中，一个关系的逻辑结构就是一张二维表。

(1) 关系

一个关系存储一张表。一个关系的结构和一张表的结构格式分别如下：

关系名（属性名 1，属性名 2，…，属性名 n）

表名（字段名 1，字段名 2，…，字段名 n）

(2) 元组

在一张二维表中，水平方向的每一行就是关系中的一个元组。即表中的一条记录对应关系中的一个元组。

(3) 属性

在一张二维表中，垂直方向的每一列就是关系中的一个属性。第一行的字段名对应关系中的属性名。

(4) 域

在一张二维表中，每个字段值的取值范围对应着关系中属性值的取值范围，也就是取值所限定的域。

(5) 关键字

在一张二维表中，字段值能够唯一地标识一条记录，这样的字段或字段的组合，被称为关键字。对应的关系中，如果某个属性或属性的组合，其值能够唯一地标识一个元组，这样的属性或属性的组合被称为关键字。在 Access 中，主关键字和候选关键字都可以唯一地标识一条记录，但是主关键字只能有一个。

(6) 外部关键字

如果在一张二维表中的一个字段不是本表的主关键字，却是另外一张表的主关键字或候选关键字，这个字段（属性）就被称为外部关键字。

以下是一张二维表的部分内容，表名为"教师"，如图 1-2 所示。其中，表头部分的"教师编号""姓名"……"电话号码"就是表的字段名，"95010""张乐"……"65976444"就是一条记录。"教师编号"的值具有唯一标识表记录的功能，可以称"教师编号"为"教师"表的关键字。

以下是"教师"表和"授课"表之间的关系，如图 1-3 所示。"授课"表中的"授课 ID"字段是"授课"表的关键字，"教师编号"字段并不是"授课"表的关键字，但是它是"教师"表的关键字。因此，可以称"授课"表的"教师编号"字段为外部关键字。

教师编号	姓名	性别	工作时间	政治面目	学历	职称	系别	电话号码
95010	张乐	女	1969/11/10	团员	大学本科	副教授	经济	65976444
95011	赵希明	女	1983/1/25	群众	研究生	副教授	经济	65976451
95012	李小平	男	1963/5/19	党员	研究生	讲师	经济	65976452
95013	李历宁	男	1989/10/29	党员	大学本科	讲师	经济	65976453
96010	张雯	男	1958/7/8	群众	大学本科	教授	经济	65976454
96011	张进明	男	1992/1/26	团员	大学本科	副教授	经济	65976455
96012	邵林	女	1983/1/25	群众	研究生	副教授	数学	65976544
96013	李燕	女	1969/6/25	群众	大学本科	讲师	数学	65976544
96014	苑平	男	1957/9/18	党员	研究生	教授	数学	65976545
96015	陈江川	男	1988/9/9	党员	大学本科	讲师	数学	65976546

图 1-2 "教师"表

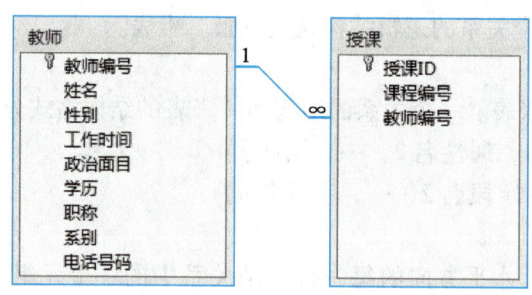

图 1-3 "教师"表和"授课"表之间的关系

2. 关系的特点

在关系数据模型中对关系有一定的要求,必须具备以下几个特点。

(1) 规范化

关系中的每一个属性必须是不可分割的数据单元,即一张二维表不能是复合表,表中不能再嵌套另一张表。

(2) 属性名具有唯一性

每一个关系中不能出现相同的属性名,即一张二维表中不能有相同的字段名。

(3) 不能有相同的元组

每一个关系中不能出现完全相同的两个元组,即一张二维表中不应该有两条完全相同的记录。

(4) 属性和元组的排列次序无关紧要

每一个关系中任意交换两个属性的位置,或交换两个元组的位置,都不影响关系的实际含义。即在一张二维表中任意交换两列字段的位置,或交换两行记录的位置,都不影响二维表所包含的内容。

3. 关系的完整性规则

关系数据模型有3类完整性规则:实体完整性规则、参照完整性规则和用户定义完整性规则。其中实体完整性规则和参照完整性规则是关系数据模型中最基本的两个完整性约束。

4. 关系的运算

对关系数据库中的数据进行查询和使用时,需要进行关系运算。关系运算有以下4

种：选择运算、投影运算、连接运算和自然连接运算。

（1）选择运算

选择运算是从关系中找出满足给定条件的元组组成新的关系，也就是从行的角度选出符合条件的记录。

（2）投影运算

投影运算是从关系中指定若干属性组成新的关系，也就是从列的角度选出需要的字段。经过投影运算得到新表，它所包含的字段数量往往比原来的表少，或者在新表中只是对字段的排列顺序进行调整。

（3）连接运算

连接运算是将两个存在联系的关系，通过给定的条件将元组从左到右拼接成一个新的关系。连接过程通过连接条件进行控制，两个关系之间要有公共属性。如果要进行多个关系的连接运算，应当两两进行连接。

（4）自然连接运算

自然连接运算是去掉重复属性的等值连接，即按照字段值对应相等为条件进行的连接运算，它是最常用的连接运算。

5. 关系之间的联系

每一个关系模型由若干关系组成，它们之间不是孤立的，为了反映各个关系之间的联系，公共属性往往起到桥梁作用。即两张二维表之间要有联系，它们就需要有公共字段，字段名可以不同，字段取值必须相同。以下是"教学管理"数据库文件中几张表之间的联系，如图1-4所示。

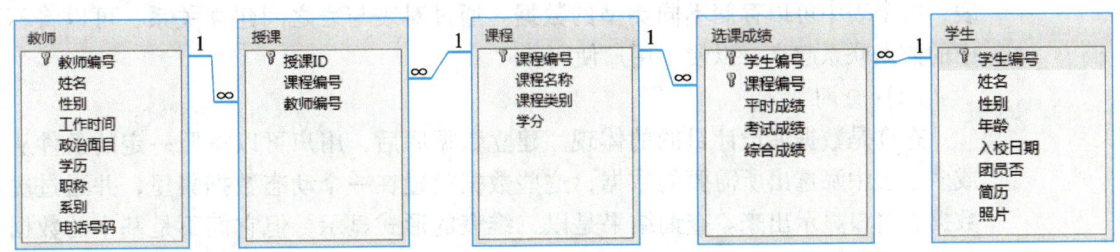

图1-4 "教学管理"数据库各表之间的关系

关系之间的联系有以下3种。

（1）一对多联系

一对多联系是关系数据库中最普遍的联系。也就是在两个联系的表中，一方表的一条记录在多方表中可以有多条记录与之对应。例如，在"教学管理"数据库中，"教师"表与"授课"表之间就存在一对多联系，两表之间通过公共字段"教师编号"建立联系。

（2）多对多联系

在多对多联系的两张表中，一方表的一条记录在另一方表中可以有多条记录与之对应，同样，另一方表中的一条记录在一方表中也可以有多条记录与之对应。为了避免数据的重复存储，往往会将多对多联系分解成两个一对多联系，所创建的第三张表中包含有两张表的关键字，并在两张表中起到桥梁的作用。例如，在"教学管理"数据库中，"教师"表与"课程"表之间就是通过"授课"表建立联系，在"授课"表中就设置有"教师"表的关键字"教师编号"，以及"课程"表的关键字"课程编号"，使得3张表两两之间具有一对多联系。

（3）一对一联系

在一对一联系的两张表中，一方表的一条记录在另一方表中只有一条记录与之对应，同样，另一方表中的一条记录在一方表中也只有一条记录与之对应。例如，在"教学管理"数据库中，可以建立一个与"教师"表存在联系的"工资"表，它们之间的联系就是一对一联系。

1.1.3 Access 2010 简介

作为 MS Office 办公软件组成部分之一的 Access，是一种运行在 Windows 平台上的关系数据库管理系统，它直观、易用且功能强大。它提供了用于建立数据库系统的表、查询、窗体、报表、宏和模块这 6 种对象；它提供了多种向导、生成器和模板，使数据存储、数据查询、界面设计和报表生成等操作的实现过程规范化；它提供了可视化界面，使普通用户不必编写代码，就能完成简单的数据管理任务，也为建立功能完善的数据库管理系统提供了方便。

1. 数据库对象

Access 2010 提供了 6 种对象，它们在数据库中有不同的作用。

（1）表

表是数据库的核心与基础，是存储数据的对象。一个数据库中可以包含多个二维表，每个表中可以存储不同类型的数据。通过对表与表之间建立关系，可以将不同表中的数据联系起来，以便于用户使用。

（2）查询

查询是数据库设计目的的体现。建立数据库后，用户可以按照一定的条件从一个或多个表中筛选出所需要的数据，这些数据放置在一个动态数据集里，并通过虚拟的数据表窗口显示出来。查询结果是以二维表的形式显示，但它们不是基本的数据表对象。执行查询后，用户可以对查询结果进行查看、编辑和分析，可以保存查询结果，并可以将查询作为其他数据库对象的数据源。

（3）窗体

窗体是数据库和用户联系的界面。在窗体中可以设计界面，用于输入、编辑和查看数据表中的数据；可以插入不同控件，并通过这些控件打开报表或其他窗体、执行宏或 VBA（Visual Basic for Applications）编写的代码程序；可以与数据库的其他对象结合起来，并控制这些对象完成相应功能；还可以将窗体中的信息打印出来，供用户使用。

（4）报表

报表是数据库中查看和打印概述性的数据最为灵活和有效的方法。利用报表可以将数据库中需要的数据提取出来进行分析、整理和计算，并将数据以格式化的方式进行打印。但是报表只能查看数据，不能修改和输入数据。

（5）宏

宏是数据库中一系列操作的集合，其中每个操作都能实现特定的功能。利用宏可以简化繁杂的操作，可以使大量重复性的操作自动完成，使管理和维护数据库更加简单。

（6）模块

模块是数据库中的一个重要对象，也是应用程序的基本组成单位。它的作用是建立 VBA 程序以完成宏等不能完成的任务，将它与窗体、报表等对象相结合，可以建立完整的数据库应用系统。

2. Access 2010 主界面

启动 Access 2010 之后，屏幕显示的初始界面如图 1-5 所示。

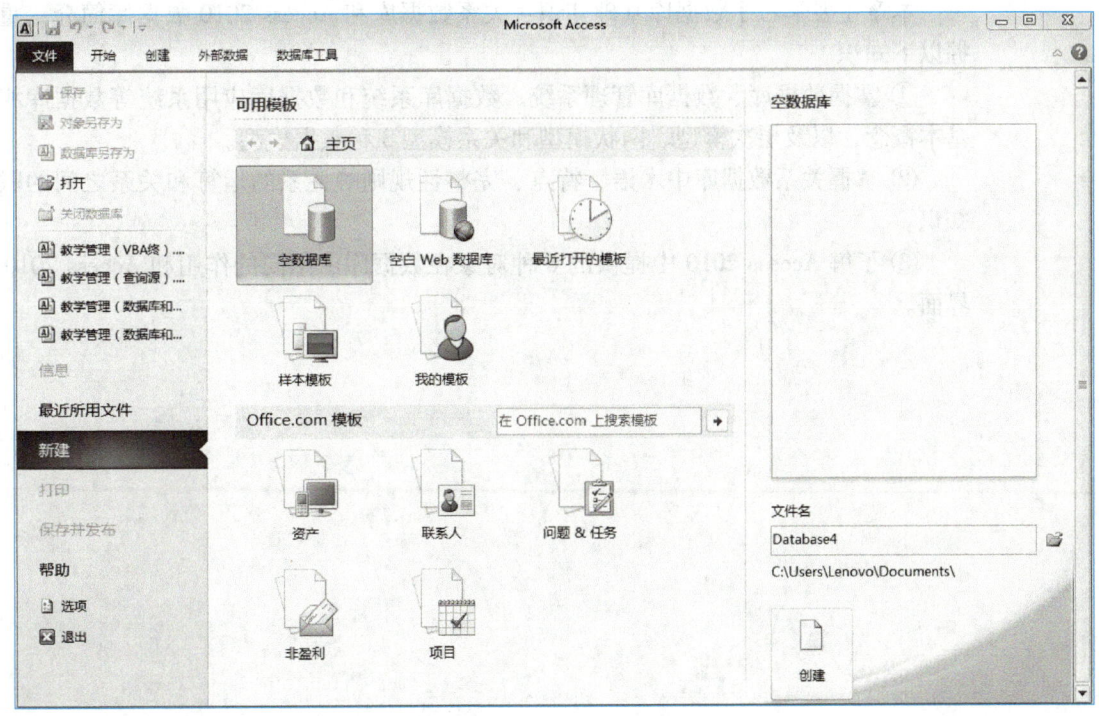

图 1-5　Access 2010 初始界面

界面由 3 个部分组成，分别是后台视图、功能区和导航窗格，为用户创建和使用数据库提供了基本环境。

（1）后台视图

后台视图是 Access 2010 中新增的功能，在启动 Access 但未打开数据库时看到的窗口就是后台视图。它提供了多个选项卡，可以创建新数据库、打开并维护已有的数据库，还包含适用于整个数据库文件的其他命令和信息（如"压缩和修复"）等。

（2）功能区

功能区位于主窗口的顶部，取代了之前版本中的菜单和工具栏的主要功能，由多个选项卡组成，每个选项卡有多个选项按钮组。主要命令选项卡有"文件"、"开始"、"创建"、"外部数据"和"数据库工具"。

（3）导航窗格

导航窗格在 Access 窗口的左侧，可以看到并直接使用已经建立好的数据库对象。

它是按照类别和组进行组织，可以从多种组织选项中进行选择，也可以创建自定义组织方案。默认情况下，数据库使用"对象类型"类别，该类别包含对应于各种数据库对象的组。

1.2 本章小结

本章主要学习了数据库基础知识、关系数据库和 Access 2010 数据库简介，重点掌握以下知识。

① 掌握数据库、数据库管理系统、数据库系统和数据库应用系统等数据库相关的基本概念，以及层次模型、网状模型和关系模型 3 种数据模型。

② 掌握关系数据库中术语、特点、完整性规则、关系的运算和关系之间的联系等知识。

③ 了解 Access 2010 中提供的 6 种对象在数据库中不同的作用和 Access 2010 的主界面。

第 2 章
数据库和表

本章素材

  Access 数据库是一个一级容器对象，Access 的所有对象都置于该容器之中，表对象是数据库的基础，是存储数据的基本单位。在创建数据库后，首先要建立表对象，以提供数据的存储和管理，之后逐步创建其他对象，最终形成完整的数据库。

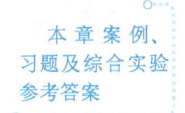

本章案例、习题及综合实验参考答案

2.1 知识梳理

本章首先介绍数据库的创建、表结构的建立和表数据的输入，接着完成表结构和表内容的编辑以及表外观的调整，最后对表中的数据进行排序和筛选。

2.1.1 数据库和表

建空数据库只是创建数据库的外壳，数据库中没有对象和数据，用户可以根据需要，添加表、查询、窗体、报表、宏和模块对象。

1. 创建数据库

空数据库创建界面如图 2-1 所示。

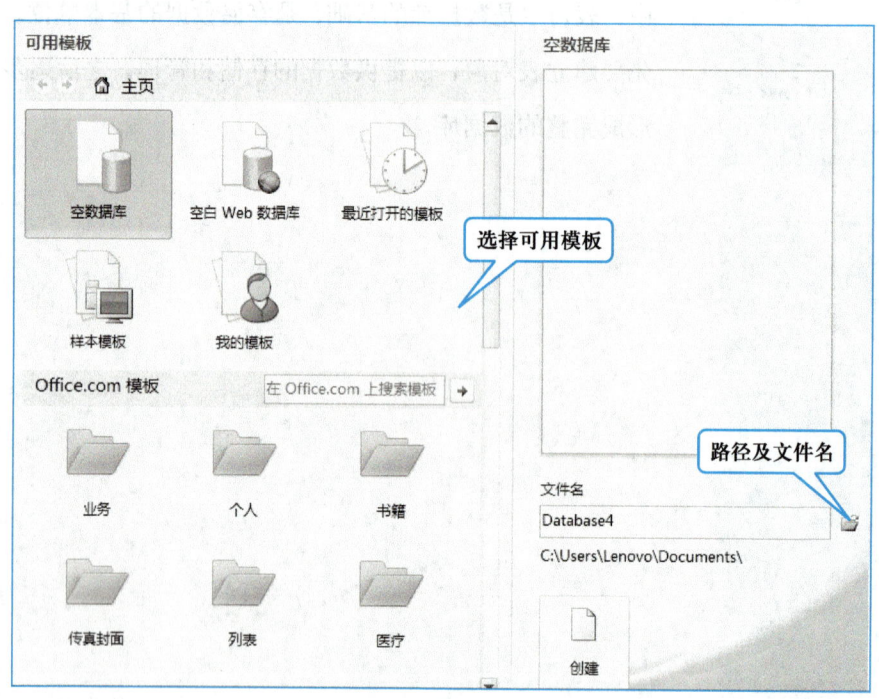

图 2-1 空数据库创建界面

2. 创建数据库

表是数据库最基本的组成部分，设计的是表结构，使用的是表内容。

（1）建立表结构

表结构主要包括字段名称、数据类型和字段属性等。字段的数据类型决定了该字段数据的存储方式和使用方式。Access 2010 提供了 12 种数据类型：文本、备注、数字、日期/时间、货币、自动编号、是/否、OLE 对象、超链接、附件、计算和查阅列表。定义字段的属性可以限制、验证数据的输入，以及控制数据的显示格式，字段数据类型不同，其属性也有所不同。

表视图包括设计视图和数据表视图，通常建立表结构采用设计视图，如图2-2所示。

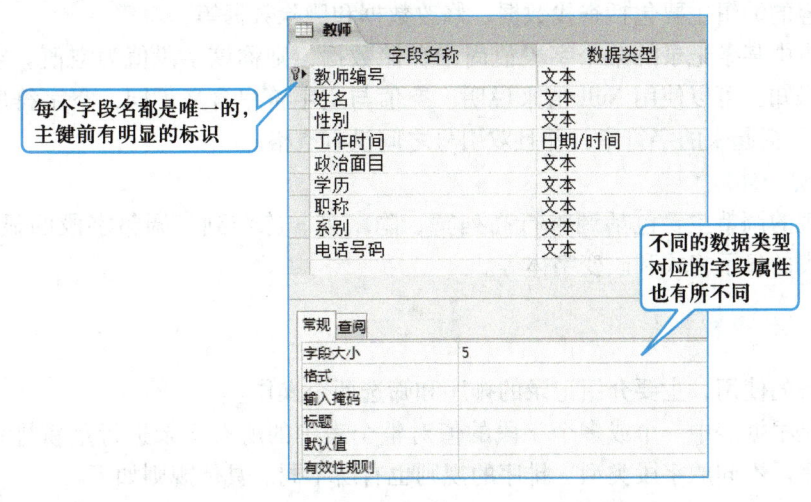

图2-2　表设计视图

（2）向表中输入数据

除了通过数据表视图直接输入数据外，还可以通过导入外部数据来获取数据。当某字段值是一组固定数据时，可以通过创建查阅列表来输入数据。

此外，数据输入的操作还包括使用"OLE对象"或"附件"数据类型的字段存储数据、使用"计算"数据类型生成数据等。

3. 建立表间关系

为了更好地管理数据库中相关的表，需要建立表与表之间的关系。表与表之间的关系分为一对一、一对多和多对多3种。在Access中，将一对多关系中的"一"方对应的表称为主表，"多"方对应的表称为相关表。在建立表间关系之前，应关闭需要建立关系的表。

建立关系的两张表，通过编辑表间的关系，可以建立参照完整性、级联更新相关字段和级联删除相关记录。参照完整性是在输入或删除记录时，为维持表之间已定义的关系而必须遵循的规则；级联更新相关字段是更改主表字段值时，会自动更新相关表中对应的字段值；级联删除相关记录是在删除主表中的记录时，会自动删除相关表中的相关记录。

2.1.2　编辑表

编辑表主要包括修改表结构、编辑表内容以及调整表外观。

1. 修改表结构

表结构的修改主要包括修改字段（包括字段名称、数据类型、说明以及字段属性等）、添加字段和删除字段等。

在表的设计视图下，"字段属性"区域中的属性是针对具体字段而言的，要改变字段的属性，首先要在"字段名称"栏中选中该字段，然后在对应的"字段属性"区域中找到需要设置的属性进行设置、修改或删除。

2. 编辑表内容

表内容的编辑主要包括查找数据、修改数据和删除数据等。

如果表中某条记录的某个字段值尚未存储数据，则称该字段值为空值。空值是缺值或当前未知，可以使用 Null 值来说明。空值与空字符串含义不同，空字符串是用双引号""""括起来的字符串，并且双引号之间没有空格。

3. 调整表外观

表外观的调整主要包括调整行高列宽、隐藏列、冻结列、调整字段的显示次序、设置数据表的显示格式和改变字体等。

2.1.3　使用表

数据表的使用，主要介绍记录的排序和筛选两个操作。

排序是根据表中一个或多个字段的值对整个表中的所有记录进行重新排列，分为升序和降序。不同的字段类型，排序的规则也有所不同。具体规则如下。

① 英文字母。按照字母顺序排序，不区分大、小写。

② 中文。按照字典拼音顺序排序。

③ 数字。按照数字的大小排序。

④ 日期。按照日期的先后顺序排序，升序时从前向后排，降序时从后向前排。

筛选是从表中选出满足条件的记录，并没有删除其他记录。筛选器的使用是一种灵活的筛选方法，除了"OLE 对象"和"附件"两种数据类型字段外，其他数据类型的字段都可以使用筛选器完成筛选操作。

视频 2-1
建立表

2.2　典型案例

【案例 1】建立数据库和表

1. 案例描述

创建一个名为"教学管理"的数据库文件，再建立一张"教师"表。要求有教师编号、姓名、性别、工作时间、政治面目（也称政治面貌）、学历、职称、系别、电话号码信息。完成效果如图 2-3 所示。

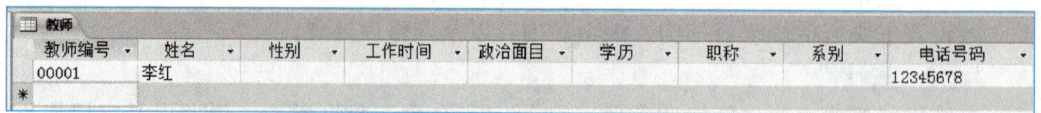

图 2-3　"教师"表完成效果

2. 案例操作步骤

（1）创建数据库

选择"空数据库"模板创建数据库，将数据库文件命名为"教学管理"，并保存到指定位置。

（2）建立表结构

切换视图到"设计视图"下，建立"教师"表结构，其中字段名称、数据类型以及字段大小的设置要求如表 2-1 所示。

表 2-1 "教师"表结构

字 段 名 称	数 据 类 型	字 段 大 小
教师编号	文本	5
姓名	文本	4
性别	文本	1
工作时间	日期/时间	
政治面目	文本	2
学历	文本	5
职称	文本	5
系别	文本	2
电话号码	文本	16

（3）向表中输入数据

切换视图到"数据表视图"下，输入一条如表 2-2 所示的样例记录。

表 2-2 样例记录

教师编号	姓名	性别	工作时间	政治面目	学历	职称	系别	电话号码
00001	李红							12345678

【案例 2】 获取外部数据

视频 2-2
获取外部数据

1. 案例描述

对"教学管理"数据库中的"教师"表导入外部数据。将 Excel 文件"教师补充信息.xlsx"中的数据信息追加到"教师"表中。

2. 案例操作步骤

① 选择"外部数据"选项卡，找到"导入并链接"选项组中的 选项。

② 在"选择数据源和目标"对话框中，指定数据源，并指定数据源在当前数据库中的存储方式和存储位置。

③ 选择合适的工作表或区域。

④ 指定第一行包括列标题。

⑤ 如果是创建新表，可以在"字段选项"区域内对字段信息进行修改。

⑥ 如果是创建新表，可以选择"让 Access 添加主键"、"我自己选择主键"或"不要主键"。

⑦ 最后在"导入到表"对话框中，选择默认表对象名或输入新的表对象名。

⑧ 通过"数据表视图"打开"教师"表，观察完成后的效果如图 2-4 所示。

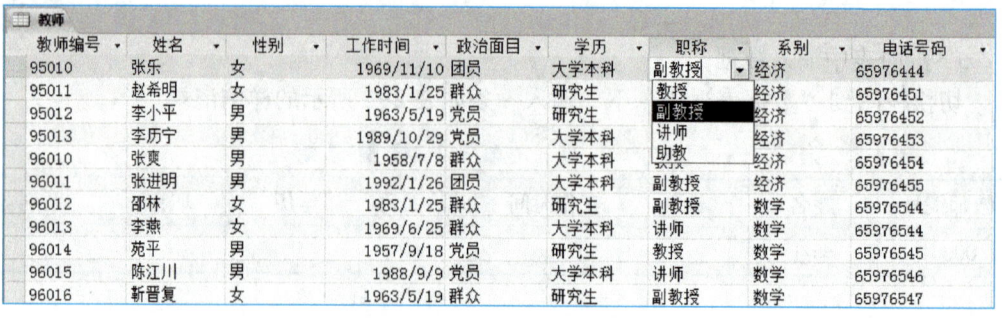

图 2-4　导入外部数据

视频 2-3
查阅列表

【案例 3】查阅列表

1. 案例描述

通过查阅向导为"教学管理"数据库中的"教师"表的"职称"字段建立查阅列表，列表中显示"教授"、"副教授"、"讲师"和"助教"4 项内容。完成效果如图 2-5 所示。

图 2-5　"职称"查阅列表

2. 案例操作步骤

通常有两种操作方法，方法一如下。

① 切换视图到"设计视图"，选择"职称"字段。

② 在其"数据类型"下拉列表选项中选择"查阅向导"。

③ 在弹出的对话框中选择"自行键入所需的值"。

④ 接着依次输入列表的 4 项内容："教授"、"副教授"、"讲师"和"助教"。

⑤ 最后在"请为查阅列表指定标签"中采用默认值"职称"。

⑥ 切换视图到"数据表视图"查看效果。

方法二如下。

① 切换视图到"设计视图"，选择"职称"字段。

② 选择"字段属性"区域的"查阅"选项卡。
③ 在"显示控件"下拉列表选项中选择"列表框"。
④ 在"行来源类型"下拉列表选项中选择"值列表"。
⑤ 在"行来源"中输入""教授";"副教授";"讲师";"助教""4 项内容。
⑥ 切换视图到"数据表视图"查看效果。

【案例 4】定义主键

视频 2-4
定义主键

1. 案例描述

为"教学管理"数据库中的"选课成绩"表建立主键。

2. 案例分析

主键是能够唯一标识表中每一条记录的一个字段或多个字段的组合。"选课成绩"表不同于"教师"表、"学生"表或"课程"表,通过数据表视图查看"选课成绩"表,就会发现"学生编号"或"课程编号"都不具有唯一性,只有这两个字段组合后才能够唯一标识每一条记录。

3. 案例操作步骤

① 切换视图到"设计视图",在字段选定区中,按住鼠标左键拖曳,选定"学生编号"和"课程编号"两个字段。
② 单击"工具"选项组中的"主键"命令,出现如图 2-6 所示的效果图。

图 2-6　定义主键

【案例 5】设置输入掩码

视频 2-5
设置输入掩码

1. 案例描述

为"教学管理"数据库中"教师"表的"电话号码"字段设置输入掩码,要求在原电话号码前加北京区号"010"。完成效果如图 2-7 所示。

教师编号	姓名	性别	工作时间	政治面目	学历	职称	系别	电话号码
95010	张乐	女	1969/11/10	团员	大学本科	副教授	经济	01065976444
95011	赵希明	女	1983/1/25	群众	研究生	副教授	经济	01065976451
95012	李小平	男	1963/5/19	党员	研究生	讲师	经济	01065976452
95013	李历宁	男	1989/10/29	党员	大学本科	讲师	经济	01065976453
96010	张爽	男	1958/7/8	党员	大学本科	教授	经济	01065976454
96011	张进明	男	1992/1/26	团员	大学本科	副教授	经济	01065976455
96012	邵林	女	1983/1/25	群众	研究生	副教授	数学	01065976544
96013	李燕	女	1969/6/25	党员	大学本科	讲师	数学	01065976544
96014	苑平	男	1957/9/18	党员	研究生	教授	数学	01065976545
96015	陈江川	男	1988/9/9	党员	大学本科	讲师	数学	01065976546
96016	靳晋复	女	1963/5/19	群众	研究生	副教授	数学	01065976547

图 2-7　设置"电话号码"输入掩码

2. 案例分析

已知原电话号码都是 8 位数字，先切换视图到"设计视图"，选择"电话号码"字段，在其"字段属性"中的"输入掩码"项输入 ""010"00000000"。

几个常用的输入掩码属性字符及功能说明，如表 2-3 所示。

表 2-3 输入掩码属性字符及功能说明

字 符	功 能 说 明
0	必须输入数字 0~9，不允许输入加号和减号
9	可以选择输入数字 0~9 或者空格，不允许输入加号和减号
#	可以选择输入数字 0~9 或者空格，允许输入加号和减号
A	必须输入字母（A~Z 或 a~z）或数字 0~9
a	可以选择输入字母（A~Z 或 a~z）、数字 0~9 或空格

视频 2-6
设置默认值

【案例 6】设置默认值

1. 案例描述

为"教学管理"数据库中的"学生"表设置默认值，将"性别"字段的默认值设置为"女"，"团员否"字段的默认值设置为"团员"，"入校日期"字段的默认值先设置为固定日期"2012-9-1"，查看效果后，再将"入校日期"字段的默认值修改为系统当前日期。

2. 案例分析

① "性别"字段的数据类型为"文本"，设置默认值时，输入字符后系统会自动在其两端添加一对英文标点双引号""""为定界符。

② "团员否"字段的数据类型为"是/否"，设置默认值时可以使用 -1、Yes、True、On 表示"是"值，使用 0、No、False、Off 表示"否"值。

③ "入校日期"字段的数据类型为"日期/时间"，默认值设置为具体某个日期时，系统会自动在其两端添加一对井号"##"为定界符；默认值设置为系统当前日期时，可使用函数 date()。

视频 2-7
设置有效性规则

【案例 7】设置有效性规则

1. 案例描述

为"教学管理"数据库中的"学生"表的"年龄"字段设置有效性规则，要求年龄大于等于 14 岁，并且小于等于 70 岁。

2. 案例操作步骤

① 切换视图到"设计视图"下，选择"年龄"字段。
② 选择"字段属性"的"有效性规则"。
③ 填写表达式 ">=14 and <=70"。

④ 切换视图到"数据表视图",修改"年龄"字段值,检查"有效性规则"操作是否已完成。

注意:表达式不能写成"14<=年龄<=70"。如果输入的数据不符合有效性规则,将弹出错误提示信息,并等待修改。弹出的错误提示信息,也可以通过"有效性文本"进行设置。

【案例 8】 使用"OLE 对象"数据类型存储照片

视频 2-8
存储照片

1. 案例描述
为"教学管理"数据库中"学生"表的"照片"字段存储学生照片。

2. 案例操作步骤
① 切换视图到"数据表视图"下,找到需要存储照片的记录行。
② 右击"照片"字段待操作的对应单元格,选择"插入对象"命令。
③ 在弹出的对话框中,选择"由文件创建",单击"浏览"按钮,找到照片文件"学生照片"。
④ 单击"确定"按钮后,在"照片"字段单元格内只显示"程序包"或"画笔图片"等文字,通过鼠标双击该单元格,将会打开相关软件显示照片内容。

注意:若需要存放多个文件,应设置字段的数据类型为"附件"。字段数据类型设置为"OLE 对象"时,该字段存储的文件最大容量为 1 GB;字段数据类型设置为"附件"时,该字段存储的压缩文件最大容量为 2 GB,非压缩文件最大容量为 700 KB。

【案例 9】 设置"计算"数据类型

视频 2-9
设置"计算"
数据类型

1. 案例描述
为"教学管理"数据库中的"选课成绩"表增加一个新字段"综合成绩",通过"计算"数据类型实现综合成绩=平时成绩*30%+考试成绩*70%。

2. 案例操作步骤
① 切换视图到"设计视图"下,在"字段名称"列的"考试成绩"字段下方,输入新字段名称"综合成绩"。
② 在"数据类型"下拉列表选项中选择"计算"。
③ 在弹出的"表达式生成器"对话框中输入计算表达式"[平时成绩]*0.3+[考试成绩]*0.7";或者在"表达式类别"中选择"平时成绩"并双击鼠标,在上方表达式区域中将出现"[平时成绩]",再输入"*0.3+",接着再通过"表达式类别"中选择"考试成绩"并双击鼠标,在上方表达式区域中将出现"[平时成绩]*0.3+[考试成绩]",再输入"*0.7"。
④ 单击"确定"按钮返回后,在"字段属性"的"表达式"区域将显示"[平时成绩]*0.3+[考试成绩]*0.7"。
⑤ 切换视图到"数据表视图"查看,"综合成绩"字段列呈现出计算结果。完成效果如图 2-8 所示。

图 2-8　设置"计算"数据类型

【案例 10】建立表间关系

视频 2-10
建立表间关系

1. 案例描述

为"教学管理"数据库中的"教师"表、"课程"表、"授课"表、"选课成绩"表以及"学生"表建立表间关系,并实施参照完整性。

2. 案例操作步骤

① 选择"数据库工具"选项卡,再单击"关系"选项组中的"关系"按钮,出现"关系"窗口。

② 将左侧"教师"表拖到"关系"窗口中,再将与之相关联的"授课"表也拖至"关系"窗口中。

③ 选定"教师"表的"教师编号"字段,按住鼠标左键拖动到"授课"表的"教师编号"字段,松开鼠标后,弹出"编辑关系"对话框。

④ 在"编辑关系"对话框中,选中"实施参照完整性"复选框,可以根据需要选择"级联更新相关字段"或"级联删除相关记录"。

⑤ 单击"创建"按钮后返回,接着使用相同的方法,将"课程"表、"选课成绩"表和"学生"表拖到"关系"窗口。

⑥ 使用相同的方法为"课程"表和"授课"表建立关系,为"课程"表和"选课成绩"表建立关系,为"学生"表和"选课成绩"表建立关系。并分别在"编辑关系"对话框中,选中"实施参照完整性"复选框。

完成后效果如图 2-9 所示。

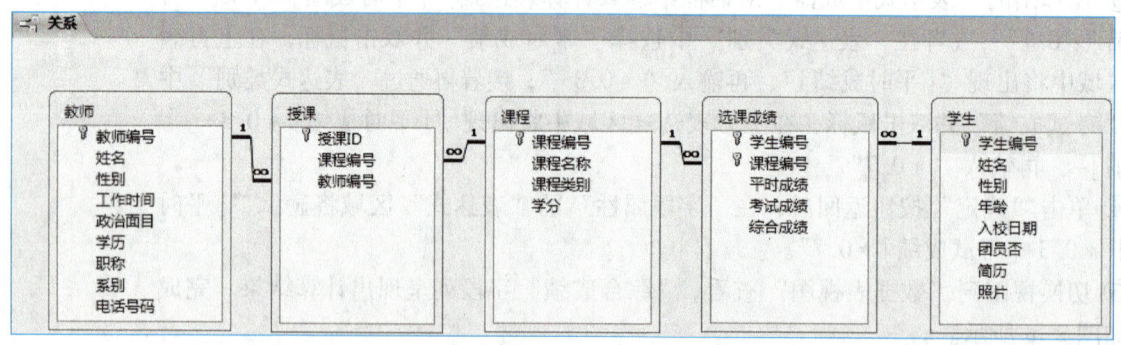

图 2-9　建立 4 张表之间的关系

【案例 11】 查找和替换

1. 案例描述

查找"教学管理"数据库中"教师"表内所有姓"张"的教师信息，并结合通配符的使用，完成替换操作。

视频 2-11
查找和替换

2. 案例操作步骤

查找操作方法一如下。

① 使用"数据表视图"打开"教师"表，将光标定位到"姓名"字段列的第一个单元格。

② 在数据表窗口下方状态栏的"搜索"文本框中输入"张"。

③ 通过按回车键将会逐条显示姓"张"的教师信息。

查找操作方法二如下。

① 用"数据表视图"打开"教师"表，选定"姓名"字段列。

② 单击"查找"选项组中的"查找"按钮，弹出"查找和替换"对话框。

③ 在"查找内容"输入框中输入"张"，通过单击"查找下一个"按钮，就可以逐条查看姓"张"的教师信息。

替换操作可以采用查找操作方法二，出现第②步"查找和替换"对话框后，选择"替换"选项卡，根据要求输入"查找内容"和"替换为"，并选择"查找范围"和"匹配"下拉列表的选项，再通过"替换"或"全部替换"完成逐个替换或批量替换操作。

如果只知道查找内容的部分信息或者要求按照特定条件进行查找时，可以使用通配符协助完成操作。通配符及功能说明如表 2-4 所示。

表 2-4 通配符及功能说明

字 符	功 能 说 明
*	通配任意个数的字符
?	通配任意单个字符
[ ]	通配方括号内的任意单个字符
!	与 [ ] 结合使用，通配任意不在方括号内的单个字符
-	与 [ ] 结合使用，通配范围内的任意一个字符
#	通配任意单个数字字符

【案例 12】 隐藏和冻结列

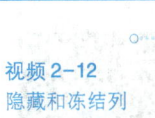

视频 2-12
隐藏和冻结列

1. 案例描述

对"教学管理"数据库中"教师"表的"电话号码"字段，完成隐藏和取消隐藏操作，冻结和取消冻结"教师编号"和"姓名"两个字段操作。

2. 案例操作步骤

（1）隐藏字段操作

① 使用"数据表视图"打开"教师"表，单击"电话号码"字段列，选定整列。

②在选定列区域中右击，弹出快捷菜单，选择"隐藏字段"命令，即可实现该列的隐藏。

（2）取消隐藏字段操作

①单击选定"教师"表的任意一个字段列。

②在选定列区域中右击，弹出快捷菜单，选择"取消隐藏字段"命令。

③在弹出的"取消隐藏列"对话框中，选中"电话号码"复选框，并单击"关闭"按钮，即可完成取消隐藏字段操作。

（3）冻结列操作

①按住鼠标左键，拖动并选定"教师编号"和"姓名"两列。

②在选定区域内右击，弹出快捷菜单，选择"冻结字段"命令。

③对"教师"表设置字体格式，调整字段列宽和窗口大小后，查看冻结效果。

（4）取消冻结列操作

①选定"教师"表的任意字段列。

②在选定区域内右击，弹出快捷菜单，选择"取消冻结所有字段"命令即可。

【案例 13】排序记录

视频 2-13
排序记录

1. 案例描述

对"教学管理"数据库中的"教师"表进行排序操作，先按照"性别"升序，性别相同时，再按照"工作时间"降序排列。

2. 案例操作步骤

对于两个或两个以上字段的排序，操作顺序是倒着完成的。

①使用"数据表视图"打开"教师"表，选定"工作时间"字段列。

②单击"排序和筛选"选项组中的"降序"按钮，先实现按照"工作时间"降序排列。

③再选定"性别"字段列，单击"排序和筛选"选项组中的"升序"按钮，实现按照"性别"升序排列。

观察操作结果，发现数据表记录是按照后操作的排序字段作为第一排序依据，当字段值相同时，再按照先操作的排序字段作为第二排序依据进行排序。

【案例 14】筛选记录

视频 2-14
筛选记录

1. 案例描述

对"教学管理"数据库中的"教师"表进行筛选操作。先筛选出 1992 年参加工作的男教师信息，查看筛选结果后，再删除筛选操作。

2. 案例操作步骤

筛选操作的方法多种多样，这里介绍使用筛选器和选定内容的筛选操作。

（1）筛选操作

①用"数据表视图"打开"教师"表，单击"工作时间"字段名右侧下拉箭头。

②选择"日期筛选器"下的"期间"选项。

③在弹出的"始末日期之间"对话框中，"最旧："输入框中输入"1992-1-1"，

"最新："输入框中输入"1992-12-31"，单击"确定"按钮后即可完成工作时间为"1992 年"的记录筛选。

④ 单击"性别"字段名右侧下拉箭头，取消选中"（全选）"复选框的，选中"男"复选框。

⑤ 单击"确定"按钮后，即可看到最终的筛选结果，如图 2-10 所示。

教师编号	姓名	性别	工作时间	政治面目	学历	职称	系别	电话号码
96011	张进明	男	1992/1/26	团员	大学本科	副教授	经济	01065976455

图 2-10 筛选记录结果

如果将筛选后的结果保存并关闭"教师"表，再一次使用"数据表视图"打开"教师"表，会发现之前完成的筛选结果并没有显示出来。

（2）查看筛选结果操作

单击"排序和筛选"选项组中的 切换筛选 按钮，将重新显示已完成的筛选结果。

（3）删除筛选操作

① 单击"性别"字段名右侧下拉箭头，选择"从"性别"清除筛选器"选项。

② 单击"工作时间"字段名右侧下拉箭头，选择"从"工作时间"清除筛选器"选项。

如果对多个字段进行筛选操作，以上删除筛选操作会显得烦琐，可以通过单击"排序和筛选"选项组中的 高级 按钮，在下拉菜单中选择"清除所有筛选器"命令，即可删除筛选操作。

2.3 本章小结

本章主要学习了数据库的创建、表的建立、编辑表和使用表等内容，重点掌握以下几个操作。

① 创建 Access 数据库。掌握空数据库的建立方法。

② 在数据库中建立表。Access 表由表结构和表内容组成，在设计表结构过程中，掌握设置表的主键、设置字段的输入掩码、设置字段的默认值、设置字段的有效性规则和有效性文本等操作。

③ 向表中输入数据。主要掌握使用"数据表视图"直接输入数据、通过建立查阅列表输入数据、使用"计算"数据类型字段完成数据的自动生成、使用"附件"或"OLE 对象"数据类型字段储存相关数据，以及通过导入功能从外部导入数据等操作。

④ 建立表间关系。判断数据库中各表间的关联，掌握建立表间关系的操作，并实施参照完整性。

⑤ 编辑表。掌握表结构的修改，通过通配符查找和替换数据，改变字段显示次序、调整行高和列宽、隐藏列和冻结列等调节表外观的基本操作。

⑥ 使用表。掌握单个字段和多个字段的排序，使用筛选器筛选表中的数据、切换

筛选显示筛选结果以及删除筛选操作。

2.4 习题

说明：以下习题操作涉及的相关文件存放在对应素材文件夹中。

1. 建立数据库和表

① 使用“空数据库”创建一个名为“学生档案 . accdb”的数据库，并将该数据库文件保存在“习题 1”文件夹中。

② 在“学生档案”数据库中建立“学生”表，表结构如表 2-5 所示。

表 2-5 “学生”表结构

字段名称	数据类型（字段大小）	字段名称	数据类型（字段大小）
学生编号	文本（12）	是否评优	是/否
姓名	文本（5）	简历	备注
性别	文本（1）	照片	OLE 对象
年龄（周岁）	数字（整型）	政治面目	查阅列表（列表项：党员，团员，群众）
入校日期	日期/时间	个人信息	附件

③ 在“学生”表中输入以下两条记录，记录内容如表 2-6 所示。

表 2-6 “学生”表记录

学生编号	姓名	性别	年龄（周岁）	入校日期	是否评优	简历	照片	政治面目	个人信息
2016100101	王海	男	21	2016/9/1	Yes			党员	
2015100102	刘力	女	23	2015/9/1	No			团员	

a. 王海简历内容：校宣传部长，负责校学生会相关活动的宣传工作，带领部门成员制作宣传海报、传单、横幅等宣传材料。

b. 王海、刘力的照片在“图片”文件夹中。

c. 王海、刘力的“个人信息”字段内容应包含个人照片和个人信息文档。

④ 在“是否评优”字段的后面增加一个计算字段，字段名称为“虚岁”，该字段的值由“年龄（周岁）”字段值加 1 计算得到。

完成后的效果如图 2-11 所示。

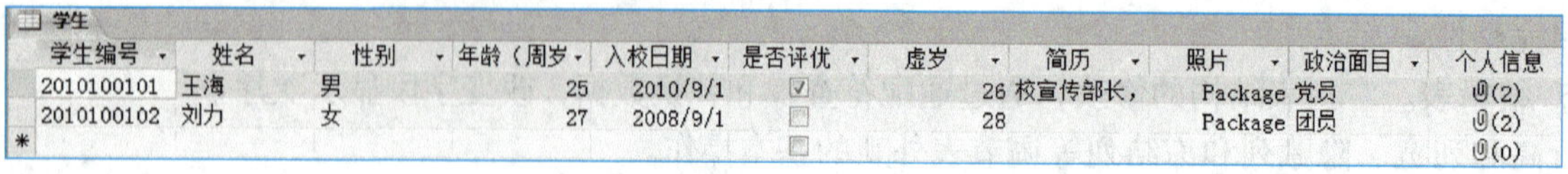
学生

学生编号	姓名	性别	年龄（周岁	入校日期	是否评优	虚岁	简历	照片	政治面目	个人信息
2010100101	王海	男	25	2010/9/1	☑	26	校宣传部长，	Package	党员	(2)
2010100102	刘力	女	27	2008/9/1	☐	28		Package	团员	(2)
*					☐					(0)

图 2-11 “数据表视图”下的“学生”表

2. 数据的导入、链接、追加与导出

① 将 Excel 文件 "tCourse.xlsx" 导入到 "tbl_exec2.accdb" 数据库中，列标题作为表的字段名称，生成的表名为 "tCourse"。

② 将 Excel 文件 "test.xlsx" 链接到 "tbl_exec2.accdb" 数据库中，列标题作为表的字段名称，链接表名称为 "ts"。

③ 将 Excel 文件 "学生信息.xlsx" 中的数据追加到 "student" 表中。

④ 将 "grade" 表中的数据导出到文本文件中，文本文件名为 "成绩.txt"，使用分号 ";" 作为字段分隔符，第一行包含字段名称，生成的文本文件保存在 "习题 2" 文件夹中。

3. 字段属性设置（主要包含查阅列表、输入掩码、默认值和有效性规则设置）

① 在数据库 "tbl_exec3" 中的 "商品表" 后面增加一个新字段，字段名称为 "商品类型"、数据类型为 "文本型"、字段大小为 8，为该字段创建查阅列表，列表中显示 "家电"、"日用品" 与 "运动用品" 3 个值。

② 设置 "员工表" 中 "编号" 字段的输入掩码：要求以 "ZGH" 开头，后面必须输入 6 位 0~9 之间的数字。

③ 设置 "员工表" 中 "登录密码" 字段的输入掩码为密码格式（以 "*" 显示）。

④ 将 "员工表" 中 "聘用时间" 字段的默认值设置为当前系统日期，且格式为 "长日期"。

⑤ 将 "员工表" 中 "婚否" 字段的默认值设置为 "已婚"（字段值打钩 "√" 表示 "已婚"）。

⑥ 设置 "员工表" 的 "职务" 字段输入值只能是 "职员"、"经理" 或 "主管" 三者之一，否则提示 "请输入正确的职务名称！"。

⑦ 将 "员工表" 的 "联系电话" 字段的有效性规则设置为非空，否则提示信息显示 "必须输入电话号码！"。

⑧ 设置 "员工表" 的 "聘用时间" 字段的有效性规则，要求聘用时间必须为 1990 年以后（包含 1990 年）；否则提示信息显示 "日期输入有误，请重新输入！"。

"员工表" 完成后的效果如图 2-12 所示。

4. 主键及表间关系设置

① 分析数据库 "tbl_exec4(1).accdb" 中表对象 "职工"、"承担项目" 和 "项目" 的字段构成，判断并设置其主键；建立 3 张表之间的关系，并实施参照完整性。

② 分析数据库 "tbl_exec4(2).accdb" 中表对象 "销售记录表" 的字段构成，判断并设置其主键；建立 "商品表" 和 "销售记录表" 的表间关系，并实施参照完整性，要求当删除主表中记录时须级联删除相关表中的记录。

5. 数据表格式设置

① 设置数据库 "tbl_exec5" 中 "tTeacher" 表的显示格式：单元格效果为 "凸起"，背景色为 "蓝色"，字体为 14 号楷体；调整 "工作时间" 字段的列宽以显示该字段全部内容；将表的行高设置为 18。

② 将 "tTeacher" 表中的 "编号" 字段在数据表视图中的显示标题设置为 "教工

号”，冻结“姓名”字段，隐藏“联系电话”字段。

员工表

编号	姓名	年龄	性别	婚否	职务	联系电话	聘用时间	用户账号	登录密码
ZGH000021	李力国	22	男	☐	职员	65256620	2016年5月3日		******
ZGH000022	张娜	27	女	☑	职员	65256621	2015年6月5日		
ZGH000023	李中青	41	男	☑	经理	65256623	2005年5月6日		
ZGH000024	高强	31	男	☑	职员	65256624	2008年12月15日		
ZGH000025	闫学成	40	男	☑	经理	65256625	2003年2月5日		
ZGH000026	张汉望	57	男	☑	主管	65256626	1995年3月18日		
ZGH000027	赵小青	24	女	☑	职员	65256627	2017年3月20日		
ZGH000028	毛丽	27	女	☑	职员	65256628	2016年5月16日		
ZGH000029	张小婉	30	女	☐	职员	65256629	2014年9月12日		
ZGH000030	苏家强	32	男	☑	职员	65256630	2013年7月3日		
ZGH000031	董小丽	28	女	☐	职员	65256631	2016年5月8日		
ZGH000032	刘力昆	47	男	☑	主管	65256632	1998年8月12日		
ZGH000033	文小刚	36	男	☐	主管	65256633	2005年5月9日		
ZGH000034	冯小丽	25	女	☑	职员	65256634	2018年3月3日		
ZGH000035	伊能净	31	女	☐	主管	65256635	2012年6月7日		
ZGH000036	尹丽	24	女	☐	职员	65256636	2017年6月18日		
ZGH000037	李丽贡	37	男	☑	职员	65256637	2012年6月25日		
ZGH000038	王必胜	47	男	☑	主管	65256638	1999年5月15日		
ZGH000039	田丽	41	女	☐	主管	65256639	1997年10月1日		
ZGH000040	周湛刚	58	男	☑	经理	65256640	1992年2月25日		
*				☑			2019年2月11日		

图 2-12 “数据表视图”下的“员工表”

③ 在“tSalary”表中增加一个字段，字段名称为“占比”，字段值的计算方法为：占比=水电房租费/工资，计算结果为“百分比”格式，保留一位小数。

“tTeacher”表完成后的效果如图 2-13 所示。

tTeacher

姓名	教工号	性别	年龄	工作时间	政治面目	学历	职称	系别	在职否
张乐	95010	女	55	1969/11/10	党员	大学本科	教授	经济	☑
赵希明	95011	女	31	1983/1/25	群众	研究生	副教授	经济	☑
李小平	95012	男	61	1963/5/19	党员	研究生	讲师	经济	☐
李历宁	95013	男	35	1989/10/29	党员	大学本科	讲师	经济	☑
张爽	96010	男	66	1958/7/8	群众	大学本科	教授	经济	☐
张进明	96011	男	32	1992/1/26	团员	大学本科	讲师	经济	☑

图 2-13 “数据表视图”下的“tTeacher”表

“tSalary”表完成后的效果如图 2-14 所示。

tSalary

工号	年月	工资	水电房租费	占比
00001	2005/08	￥1,376.80	¥212.23	15.4%
00001	2005/09	￥1,376.80	¥202.63	14.7%
00001	2005/10	￥1,376.80	¥252.40	18.3%
00001	2005/11	￥1,376.80	¥212.23	15.4%
00001	2005/12	￥1,376.80	¥211.00	15.3%
00001	2006/01	￥1,376.80	¥212.23	15.4%
00002	2005/08	￥1,876.80	¥212.23	11.3%
00002	2005/09	￥1,876.80	¥252.40	13.4%

图 2-14 “数据表视图”下的“tSalary”表

6. 索引、排序和筛选

① 为数据库“tbl_exec6”中“tStud”表的“姓名”字段创建“有（有重复）”索引。

② 为“tStud”表创建多字段索引，索引名称为“XSHM”，字段名称为“学号”、“姓名”和“年龄”，排列次序均为“升序”。

③ 在“tStud”表中筛选出第三季度入校的学生记录，并将筛选出的记录按“年龄”降序排列，通过“切换筛选”查看原表和筛选结果，保存该表。

④ 在“tStud2”表中查找年龄在 18 岁至 20 岁之间（包含 18 岁和 20 岁）并且具有“音乐”爱好的学生记录，按照“年龄”降序排列，年龄相同再按“学号”升序排列。

“tStud”表完成后的效果如图 2-15 所示。

tStud

学号	姓名	年龄	性别	入校时间	党员否	简历	爱好
20011004	张进	22	女	2001/9/2	√	2003年在北京读大本。	音乐, 表演, 乐器
20011001	王希	21	男	2001/9/1	√	2003年在北京读大本。	体育, 摄影, 计算机
20041005	臧天朔	20	男	2004/9/8		2003年在北京读大本。	篮球, 摄影, 计算机
20041001	张成	19	男	2004/9/1	√	2005年在北京读大本。	游泳, 摄影, 计算机
20011003	陈风	19	女	2001/9/11	√	2004年在北京读大本。	音乐, 舞蹈, 乐器
20021002	刘流	18	男	2001/9/1		2005年在北京读大本。	体育, 摄影, 计算机
20021001	王小青	18	女	2001/9/5	√	2005年在北京读大本。	音乐, 舞蹈, 乐器
20011002	王冠	18	男	2001/9/4		2005年在北京读大本。	游泳, 摄影, 计算机
20011005	张保国	17	男	2001/9/2		2005年在北京读大本。	台球, 摄影, 计算机
*		0					

图 2-15 “数据表视图”下的“tStud”表

“tStud2”表完成后的效果如图 2-16 所示。

tStud2

学号	姓名	年龄	性别	入校时间	党员否	简历	爱好
20021005	陈进	20	男	2001/10/3		2004年在北京读大本。	体育, 音乐, 计算机
20011003	陈风	19	女	2001/9/11	√	2004年在北京读大本。	音乐, 舞蹈, 乐器
20021003	孙青青	19	女	2001/10/4		2004年在北京读大本。	音乐, 舞蹈, 乐器
20021001	王小青	18	女	2001/9/5	√	2005年在北京读大本。	音乐, 舞蹈, 乐器
20041002	汪桂花	18	女	2004/10/1		2005年在北京读大本。	音乐, 舞蹈, 乐器
20041004	张小青	18	女	2004/10/1		2005年在北京读大本。	音乐, 跳绳, 乐器
*		0					

图 2-16 “数据表视图”下的“tStud2”表

2.5 综合实验

说明：以下实验操作涉及的相关文件存放在对应的素材文件夹中。

【综合实验 1】打开“tbl_samp1”数据库完成以下操作。

① 设置“员工”表的“编号”字段的输入掩码：以“ZH”开头，后面必须输入 6 位数字。

② 设置“聘用时间”字段有效性规则：要求聘用时间必须在 1998 年至 2016 年之间（包含 1998 年和 2016 年），当输入的数据不符合要求时，显示信息“请输入有效年份!”。

③ 用“高级筛选”筛选出女员工或者年龄大于 30 岁的优秀员工，并将筛选出的记录按“姓名”降序排列，通过“切换筛选”查看筛选结果，并保存该表。

④ 将 Excel 文件 "部门表" 链接到 "tbl_samp1.accdb" 数据库中，列标题作为表的字段名称，链接表名称为 "部门信息"。

⑤ 将 "tStud" 表中隐藏的列显示出来，冻结 "姓名" 字段，将 "登录密码" 字段的输入掩码设置为密码格式（以 "*" 显示），"简历" 字段在数据表视图中的显示标题为 "特长"。

⑥ 将 "tStud" 表的 "性别" 字段默认值设置为 "男"，用 "高级筛选" 的方法筛选出具有 "摄影" 特长的学生记录。

⑦ 设置 "tStud" 表的显示格式，单元格效果为 "凸起"，背景色为 "橙色"，网格线为 "紫色"，文字字号为 12，并调整 "入校时间" 字段的列宽以显示该字段全部内容。

⑧ 设置 "tStud"、"tScore" 和 "tCourse" 3 张表的主键，建立 3 张表之间的关系，并实施参照完整性。

⑨ 将 "tCourse" 表中的数据导出到文本文件中，字段分隔符为逗号 ","，第一行包含字段名称，并以 "tc.txt" 为文件名保存到 "综合实验 1" 文件夹中。

【综合实验 2】 打开 **"tbl_samp2"** 数据库完成以下操作。

① 分析表对象 "tOrder" 的字段构成，判断并设置其主键；将该表的行高设置为 18，单元格效果设置为 "凸起"，替代背景色为 "橙色"。

② 设置 "tDetail" 表中 "订单明细 ID" 字段和 "数量" 字段的相应属性，使 "订单明细 ID" 字段在数据表视图中的显示标题为 "订单明细编号"，"数量" 字段取值要求非空且大于 0。

③ 在 "tDetail" 表中增加一个 "金额" 字段，字段值的计算方法为金额 = 单价 * 数量，结果为单精度型，并保留两位小数；删除 "tBook" 表中的 "备注" 字段，并将 "类别" 字段的 "默认值" 设置为 "计算机"。

④ 将 "tBook" 表中 "定价" 字段的输入条件设置为介于 0 元至 50 元之间（不含 0 元），否则将弹出提示信息 "请输入有效定价!"，冻结 "书籍名称" 字段。

⑤ 设置 "tEmployee" 表中 "性别" 字段的相关属性，实现输入时通过下拉列表选择 "男" 或 "女"；建立 "tBook"、"tCustom"、"tDetail"、"tEmployee" 和 "tOrder" 5 张表之间的关系，并实施参照完整性。

⑥ 将 "tCustom" 表中 "邮政编码" 和 "电话号码" 两个字段的数据类型改为 "文本"，将 "邮政编码" 字段的 "输入掩码" 属性设置为 "邮政编码"，将 "电话号码" 字段的输入掩码属性设置为 "010-XXXXXXXX"，其中，"X" 为数字位，且必须输入 0~9 之间的数字。

第 3 章
查询

本章素材

查询是 Access 数据库的重要对象，是处理和分析数据的工具，它能够从数据库中的表或已建立的查询中检索出符合查询条件的数据，形成一个动态数据集，供用户查看、统计、分析和使用。

本章案例、
习题及综合实验
参考答案

3.1　知识梳理

本章首先介绍查询的功能和查询条件,接着重点介绍创建选择查询、交叉表查询、生成表查询、删除查询、更新查询和追加查询的方法,以满足不同的查询需求,最后介绍 SQL 语言在数据定义、数据操纵和数据查询等方面的使用。

3.1.1　查询概述

主要介绍查询的功能、查询条件以及查询的类型。

1. 查询的功能

查询是根据指定的条件对表或其他查询进行检索,找出符合条件的记录构成一个新的数据集合,以方便对数据进行查看和分析。

利用查询可以实现多种功能,包括查询部分字段、查询指定条件的部分记录、编辑记录、实现统计计算、创建新表和为窗体或报表提供数据。

查询运行的结果是一个数据集,并不是数据表。只有在运行查询时才会从查询数据源中抽取数据,关闭查询,数据集就自动消失。

2. 查询条件

查询条件是一个表达式,由运算符、常量、字段值、函数以及字段名和属性等组成,这个表达式通过计算可以得到一个结果。

Access 提供了 3 种运算符,分别是关系运算符、逻辑运算符和特殊运算符。3 种运算符及其功能说明如表 3-1、表 3-2 和表 3-3 所示。

表 3-1　关系运算符及功能说明

关系运算符	功能说明	关系运算符	功能说明
=	等于	<>	不等于
<	小于	<=	小于或等于
>	大于	>=	大于或等于

表 3-2　逻辑运算符及功能说明

逻辑运算符	含义	功能说明
Not	非	当 Not 连接的表达式为真时,整个表达式为假
And	与	当 And 连接的两个表达式均为真时,整个表达式为真,否则为假
Or	或	当 Or 连接的两个表达式均为假时,整个表达式为假,否则为真

表 3-3 特殊运算符及功能说明

特殊运算符	功 能 说 明
In	用于指定一个字段值的列表，列表中每个值用逗号隔开，之间是或的关系
Between	用于指定一个字段值的取值范围，与 And 连接使用
Like	用于指定查找文本字段的字符模式，可与通配符结合使用
Is Null	用于指定一个字段为空
Is Not Null	用于指定一个字段为非空

3. 查询的类型

Access 提供了多种类型的查询方式，用于满足不同需求。根据对数据源的操作方式和操作结果的不同，将查询的类型分为选择查询、交叉表查询、生成表查询、删除查询、更新查询、追加查询等。

（1）选择查询

选择查询是最常见的查询类型，它根据给定的条件，从一个或多个数据源中获取数据并显示结果。使用选择查询可以根据条件对数据分组，再进行合计、平均值、最小值、最大值、计数等运算，还可以根据输入的参数值查询数据。

利用查询向导，可以很方便地进行重复项查询和不匹配项查询。

（2）交叉表查询

交叉表查询是利用表中的行和列以及交叉点信息，进行计算并重新组织数据的结构。使用交叉表查询，是对数据源的两个字段进行分组，一组在交叉表的第一列，一组在交叉表的第一行，并在行列交叉处显示一个字段的计算值。因此，在创建交叉表查询时，需要确定行标题、列标题和值所对应的字段。

（3）生成表查询

生成表查询是利用一个或多个数据源中的全部或部分数据建立新表。它是一种操作查询，需要运行查询才能生成表。

（4）删除查询

删除查询是根据条件删除一个表中的若干条记录。它是一种操作查询，需要运行查询才能执行删除操作。

如果需要删除记录的表是数据库中有关联的父表，要注意在"数据库工具"选项卡下"关系"窗口中，做相应的编辑关系操作，以保证删除操作能顺利执行。

（5）更新查询

更新查询是根据条件对一个或多个数据源中的某个字段值进行更新。它是一种操作查询，需要运行查询才能实现数据的更新。

更新查询与数据表的替换操作功能相似之处在于，它能够根据条件指定要更新到的字段值；更新查询与替换操作不同之处在于，更新查询允许使用非更新字段作为条件。

（6）追加查询

追加查询是根据条件将一个或多个数据源中的数据追加到一个表的末尾。它是一种操作查询,需要运行查询才能执行追加操作。

执行追加查询之前要先确认目标表有哪些字段,再根据条件选择数据源及对应的字段,否则可能导致追加的记录不完整。

3.1.2 结构化查询语言

结构化查询语言(Structured Query Language,SQL)是在数据库系统中应用广泛的数据库查询语言,它是集数据定义、数据操纵、数据查询和数据控制功能于一体的关系数据库语言。在查询设计视图中创建的每一个查询,系统会自动创建一个等效的SQL语句,执行查询时,系统实际上就是执行SQL语句。

1. 数据定义

数据定义是指对表一级的定义,包括创建表、修改表和删除表等基本操作。

(1) 创建表

在SQL中,可以使用CREATE TABLE语句建立基本表。语句基本格式为:

CREATE TABLE <表名>(<字段名1><数据类型1>[字段级完整性约束条件1]
　　　　　　[,<字段名2><数据类型2>[字段级完整性约束条件2]][,…]
　　　　　　[,<字段名n><数据类型n>[字段级完整性约束条件n]])
　　　　　　[,<表级完整性约束条件>];

(2) 修改表

在SQL中,可以使用ALTER TABLE语句修改已建表的结构,包括添加新字段、修改字段属性或删除某些字段。语句基本格式为:

ALTER TABLE <表名>
　　　　[ADD <新字段名> <数据类型> [字段级完整性约束条件]]
　　　　[DROP [<字段名>]…]
　　　　[ALTER <字段名> <数据类型>];

(3) 删除表

在SQL中,可以使用DROP TABLE语句删除表,包括表的结构和表的记录。语句基本格式为:

DROP TABLE <表名>

表一旦删除,表数据以及索引也自动被删除,并且无法恢复。

2. 数据操纵

数据操纵是指对表中的具体数据进行增加、删除和更新等操作。

(1) 插入记录

在SQL中,可以使用INSERT语句将一条新记录插入到指定表中。语句基本格式为:

INSERT INTO <表名> [(<字段名1>[,<字段名2…])]
VALUES(<常量1>[,<常量2>]…);

其中各变量的数据类型必须与INTO子句中所对应字段的数据类型相同,且个数也要匹配。

（2）更新记录

在 SQL 中，可以使用 UPDATE 语句对所有记录或满足条件的指定记录进行更新操作。语句基本格式为：

UPDATE <表名>

SET <字段名 1>=<表达式 1>[,<字段名 2>=<表达式 2>]…

[WHERE <条件>]；

（3）删除记录

在 SQL 中，可以使用 DELETE 语句对表中所有记录或满足条件的指定记录进行删除操作。语句基本格式为：

DELETE FROM <表名>

[WHERE <条件>]；

3. 数据查询

在 SQL 中，可以使用 SELETE 语句查询一个或多个表中的数据，实现数据的选择、投影和连接运算，以及对字段重命名、分类汇总和排序等操作。语句基本格式为：

SELECT [ALL|DISTINCT|TOP n]　*|<字段列表>[,<表达式>AS<标识符>]

FROM <表名 1> [,<表名 2>]…

[WHERE <条件表达式>]

[GROUP BY <字段名> [HAVING <条件表达式>]]

[ORDER BY <字段名> [ASC|DESC]]；

命令说明：

① ALL：查询结果是满足条件的全部记录，默认值为 ALL。

② DISTINCT：查询结果是去掉重复行的唯一记录。

③ TOP n：查询结果是前 n 条记录，其中 n 为整数。

④ *：查询结果是包括所有字段的全部记录。

⑤ <字段列表>：使用逗号将各字段隔开。

⑥ <表达式> AS <标识符>：表达式可以是字段名，也可以是一个计算表达式，标识符用于指定新的字段名。

⑦ FROM <表名>：说明查询的数据源。

⑧ WHERE <条件表达式>：说明查询的条件。

⑨ GROUP BY <字段名>：查询结果是按照<字段名>的字段值进行分组。

⑩ HAVING：必须跟随 GROUP BY 使用，用来限定分组必须满足的条件。

⑪ ORDER BY <字段名>：查询结果是按照<字段名>的字段值进行排序。

⑫ ASC：必须跟随 ORDER BY 使用，查询结果按字段值升序排列，可以省略。

⑬ DESC：必须跟随 ORDER BY 使用，查询结果按字段值降序排列。

3.2 典型案例

视频 3-1
创建选择查询

【案例 1】使用查询向导创建选择查询

1. 案例描述

使用查询向导创建一个选择查询，要求根据"学生"表查找学生信息，显示"学生编号"、"姓名"、"课程名称"和"考试成绩"4 个字段数据信息。

2. 案例操作步骤

① 选择"创建"选项卡，再单击"查询"选项组中的"查询向导"按钮。

② 在"新建查询"对话框中选择"简单查询向导"。

③ 在"表/查询"下拉列表中选择"学生"表，"可用字段"列表框中选择"学生编号"和"姓名"两个字段，使其成为"选定字段"。

④ 接着在"表/查询"下拉列表中选择"课程"表，"可用字段"列表框中选择"课程名称"字段，使其成为"选定字段"。

⑤ 同理，在"表/查询"下拉列表中选择"选课成绩"表，"可用字段"列表框中选择"考试成绩"字段，使其成为"选定字段"。

⑥ 在"请确认采用明细查询还是汇总查询"选项中选择"明细（显示每个记录的每个字段）"。

⑦ 在"请为查询指定标题"输入框中输入查询对象名"任务一"。

⑧ 在"数据表视图"中将显示来自于 3 张表 4 个字段的数据信息。

视频 3-2
查找不匹配项

【案例 2】使用查询向导完成查找不匹配项

1. 案例描述

使用查询向导完成查找没有学生选修的课程，显示"课程编号"和"课程名称"两个字段数据。

2. 案例操作步骤

① 选择"创建"选项卡，再单击"查询"选项组中的"查询向导"按钮。

② 在"新建查询"对话框中选择"查找不匹配项查询向导"。

③ 在选表对话框中选择"课程"表。

说明：这张表将使得所建查询列出该表的所有记录，并且那些记录在下一步所选的表中没有相关记录。

④ 单击"下一步"按钮，在"请确定哪张表或查询包含相关记录"对话框中，选择"选课成绩"表。

⑤ 单击"下一步"按钮，在"请确定在两张表中都有的信息"对话框中，选择两张表的匹配字段，当前系统自动匹配共同字段"课程编号"。

⑥ 单击"下一步"按钮，在"请选择查询结果中所需的字段"对话框中，从左侧

"可用字段"列表框中选择"课程编号"和"课程名称"两个字段，添加到右侧"选定字段"列表框。

⑦ 单击"下一步"按钮，在"请指定查询名称"栏中输入查询对象名"任务二"。

⑧ 单击"完成"按钮后，在"数据表视图"中显示出没有学生选修的课程信息，查询结果如图3-1所示。

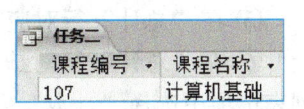

图3-1 任务二查询结果

【案例3】参数查询

1. 案例描述

按照学生姓名查看某学生的考试成绩，要求显示"学生编号"、"姓名"、"课程名称"和"考试成绩"4个字段。

2. 案例操作步骤

对已完成的查询对象"任务一"进行如下操作。

① 在左侧Access导航窗格中，找到查询对象"任务一"，右击对象并选择"设计视图"命令。

② 在查询设计网格区的"条件"行对应"姓名"字段的单元格中，输入参数查询的条件"[请输入学生姓名]"。

③ 保存查询对象名为"任务三"，并运行查询，将出现"输入参数值"对话框，如图3-2所示。

④ 输入要查询的学生姓名，例如"王海"，将显示王海同学所有的相关信息。

图3-2 "输入参数值"对话框

3. 案例分析

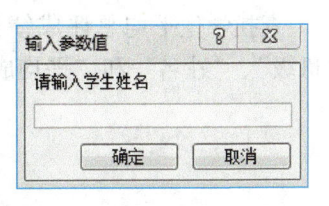

参数查询是由使用者输入某个或某几个字段的条件值进行的查询，并且是以交互方式输入条件值。对话框中的提示文本正是在查询设计网格区中查询字段的"条件"行上输入的文本内容。如果使用者输入的条件值有效，查询结果将显示所有满足条件的数据，否则不显示。

【案例4】分组统计计算查询

1. 案例描述

统计各类职称的教师人数，要求显示"职称"和"人数"两个字段。分组统计查询结果，如图3-3所示。

2. 案例操作步骤

① 选择"创建"选项卡，再单击"查询"选项组中的"查询设计"按钮。

② 在"显示表"对话框中选择"教师"表，并单击"添加"按钮。

图3-3 分组统计计算查询结果

③ 在查询"设计视图"的上半部分窗口中，双击"教师"表中的"职称"字段和"教师编号"字段，使其显示在"设计视图"的下半部分窗口中。

④ 选择"查询工具"的"设计"选项卡，再单击"显示/隐藏"选项组中的"汇总"按钮。此时，在"设计视图"的下半部分窗口中将增加一个"总计"行。

⑤ 在"总计"行对应"职称"字段的下拉列表选项中选择 Group By。

⑥ 在"总计"行对应"教师编号"字段的下拉列表选项中选择"计数"。

⑦ 在"字段"行对应"教师编号"字段的单元格中添加标题"人数"，可以设置为"人数：教师编号"，如图 3-4 所示。

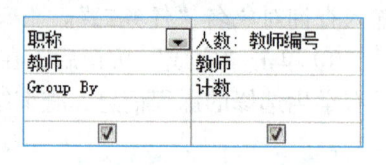

图 3-4　命名字段标题

⑧ 运行查询，效果如图 3-3 所示，将查询对象保存为"任务四"。

命名字段标题的方法有两种：一种是在设计网格"字段"行对应的字段单元格前直接命名；另一种是通过字段"属性表"对话框中"标题"属性来命名。

【案例 5】带"计算条件"的查询

1. 案例描述

查找学生平均总评成绩低于所在班级平均总评成绩的学生信息，查询结果显示"班级"、"姓名"和"平均成绩"3 个字段，效果如图 3-5 所示。

图 3-5　带"计算条件"的查询结果

2. 案例分析

① "学生编号"字段的前 8 位为班级编号，将这前 8 位编号命名为"班级"。

② 本题涉及两个平均总评成绩，一个是每个学生选修课程总评成绩的平均值；另一个是每个班级所有学生选修课程总评成绩的平均值。

③ 分别建立学生和班级两个平均成绩的查询后，再以此为数据源，建立第三个查询，查找出学生平均成绩低于所在班级平均成绩的学生信息。

3. 案例操作步骤

建立"学生平均成绩"查询操作如下。

① 选择"创建"选项卡，再单击"查询"选项组中的"查询设计"按钮。

② 在"显示表"对话框中选择"学生"表和"选课成绩"表，并单击"添加"按钮。

③ 在查询"设计视图"的上半部分窗口中，双击"学生"表中的"学生编号"字段，使其显示在"设计视图"的下半部分窗口中。

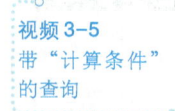

④ 在"字段"行对应的"学生编号"字段单元格中,添加标题及计算表达式,设置为"班级:Left([学生]![学生编号],8)"。

⑤ 在查询"设计视图"的上半部分窗口中,双击"学生"表中的"姓名"字段,以及"选课成绩"表中的"总评成绩"字段,使其显示在"设计视图"的下半部分窗口中。

⑥ 选择"查询工具"的"设计"选项卡,再单击"显示/隐藏"选项组中的"汇总"按钮。此时,在"设计视图"的下半部分窗口中将增加"总计"行。

⑦ 在"总计"行对应的"总评成绩"字段下拉列表选项中选择"平均值"。

⑧ 在"字段"行对应的"总评成绩"字段的单元格中,设置标题"平均成绩:总评成绩"。

⑨ 运行查询,并将查询对象保存为"学生平均成绩"。

建立"班级平均成绩"查询操作如下。

① 选择"创建"选项卡,再单击"查询"选项组中的"查询设计"按钮。

② 在"显示表"对话框中选择"选课成绩"表,并单击"添加"按钮。

③ 在查询"设计视图"的上半部分窗口中,双击"选课成绩"表中的"学生编号"和"总评成绩"字段,使其显示在"设计视图"的下半部分窗口中。

④ 在"字段"行对应的"学生编号"字段的单元格中,添加标题及计算表达式,设置为"班级:Left([学生编号],8)"。

⑤ 选择"查询工具"的"设计"选项卡,再单击"显示/隐藏"选项组中的"汇总"按钮。此时,在"设计视图"的下半部分窗口中将增加"总计"行。

⑥ 在"总计"行对应的"总评成绩"字段下拉列表选项中选择"平均值"。

⑦ 为了区别于学生平均成绩,在"字段"行对应的"总评成绩"字段的单元格中,设置标题为"班级平均成绩:总评成绩"。

⑧ 运行查询,并将查询对象保存为"班级平均成绩"。

建立最终查询操作如下。

① 选择"创建"选项卡,再单击"查询"选项组中的"查询设计"按钮。

② 设置查询的数据源,介绍以下两种方法。

方法一:在"显示表"对话框的"查询"选项卡中选择"学生平均成绩"查询和"班级平均成绩"查询,并单击"添加"按钮。

方法二:先关闭"显示表"对话框,进入到查询"设计视图"。直接将导航窗格中的查询对象"学生平均成绩"和"班级平均成绩"拖曳至查询"设计视图"的上半部分窗口中。

③ 双击"学生平均成绩"查询中的"班级"、"姓名"和"平均成绩"字段,使其显示在"设计视图"的下半部分窗口中。

④ 必须建立两个查询之间的关系,否则数据无法关联。在"设计视图"的上半部分窗口中找到两个查询的公共字段"班级",选定"班级平均成绩"查询中"班级"字段,按住鼠标左键并拖动到"学生平均成绩"查询中的"班级"字段上,松开鼠标。

⑤ 在"条件"行对应的"平均成绩"字段单元格中,输入"<[班级平均成绩]"。

⑥ 运行查询,查看效果如图3-5所示,将查询对象保存为"任务五"。

视频 3-6
交叉表查询

【案例 6】 交叉表查询

1. 案例描述

建立交叉表查询，以"学生"表作为数据源，要求显示每个班级男女生的人数，其中"班级"为行标题，"性别"为列标题，完成效果如图 3-6 所示。

交叉表查询		
班级	男	女
20101001	5	2
20101002	3	9
20111001	8	2
20111002	1	1

图 3-6 交叉表查询结果

2. 案例操作步骤

① 选择"创建"选项卡，再单击"查询"选项组中的"查询设计"按钮。

② 在"显示表"对话框中选择"学生"表，并单击"添加"按钮。

③ 在查询"设计视图"的上半部分窗口中，双击"学生"表中的"学生编号"字段，使其显示在"设计视图"的下半部分窗口中。

④ 在"字段"行对应的"学生编号"字段单元格中，添加标题及计算表达式，设置为"班级:Left([学生编号],8)"。

⑤ 在查询"设计视图"的上半部分窗口中，双击"学生"表中的"性别"字段和"学生编号"字段，使其显示在"设计视图"的下半部分窗口中。

⑥ 选择"查询工具"的"设计"选项卡，再单击"查询类型"选项组中的"交叉表"按钮。此时，在"设计视图"的下半部分窗口中将增加"总计"行和"交叉表"行。

⑦ 在"总计"行对应的"学生编号"字段下拉列表选项中选择"计数"。

⑧ 在"交叉表"行对应的"班级"字段下拉列表选项中选择"行标题"，对应的"性别"字段下拉列表选项中选择"列标题"，对应的"学生编号"字段下拉列表选项中选择"值"。

⑨ 运行查询，查看效果如图 3-6 所示，将查询对象保存为"交叉表查询"。

视频 3-7
生成表查询

【案例 7】 生成表查询

1. 案例描述

查询"教师"表中所有工龄>=30 年的教师数据，并生成一张"退休教师"表。

2. 案例操作步骤

① 选择"创建"选项卡，再单击"查询"选项组中的"查询设计"按钮。

② 在"显示表"对话框中选择"教师"表，并单击"添加"按钮。

③ 在查询"设计视图"的上半部分窗口中，双击"教师"表中的"*"，如图 3-7 所示，使其在"设计视图"的下半部分窗口中显示"教师.*"。

④ 在查询"设计视图"的上半部分窗口中，双击"教师"表中的"工作时间"字

段，使其显示在"设计视图"的下半部分窗口中。

⑤ 在"条件"行对应的"工作时间"字段单元格中输入"Year(Date())-Year([工作时间])>=30"。

⑥ 取消选中"显示"行对应的"工作时间"字段复选框。

⑦ 选择"查询工具"的"设计"选项卡，再单击"查询类型"选项组中的"生成表"按钮。

⑧ 在弹出的"生成表"对话框中输入将要生成的表名"退休教师"。

⑨ 保存查询，将查询对象命名为"生成表查询"。

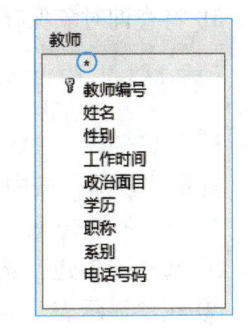

图 3-7 选定所有字段

⑩ 运行查询，生成新表对象"退休教师"。

运行查询这一步至关重要，生成表查询是一种操作查询，必须运行后才能生成新表。

【案例8】删除查询

1. 案例描述

将"教师"表和"授课"表中已满足退休条件的教师记录删除，其中退休条件为工龄在 30 年以上（含 30 年）。

2. 案例分析

如果删除的记录来自于多个表，或者关联到多个表，则必须进行以下检查。

① 是否已经定义相关表之间的关系。

② 是否已经"实施参照完整性"。

③ 是否"级联删除相关记录"。

3. 案例操作步骤

① 选择"创建"选项卡，再单击"查询"选项组中的"查询设计"按钮。

② 在"显示表"对话框中选择"教师"表，并单击"添加"按钮。

③ 在查询"设计视图"的上半部分窗口中，双击"教师"表中的"工作时间"字段，使其显示在"设计视图"的下半部分窗口中。

④ 在"条件"行对应的"工作时间"字段单元格中输入"Year(Date())-Year([工作时间])>=30"。

⑤ 选择"查询工具"的"设计"选项卡，再单击"查询类型"选项组中的"删除"按钮。

⑥ 运行查询，提示"您正准备从指定表删除 6 行"，选择"是"。

⑦ 紧接着弹出对话框提示"不能在删除查询中删除 1 记录是因为键值冲突"，选择"是"。

⑧ 选择"数据库工具"选项卡，再单击"关系"选项组中的"关系"按钮。

⑨ 在"关系"窗口中编辑"教师"表和"授课"表之间的关系，目前已经完成"实施参照完整性"设置，依照题意还要选中"级联删除相关记录"复选框。

⑩ 再运行查询，弹出提示对话框"您正准备从指定表删除 1 行"，选择"是"即可完成"教师"表和"授课"表中所有退休教师相关记录的删除操作。

⑪ 将查询对象保存为"删除查询"。

【案例 9】更新查询

1. 案例描述

查找"教师"表中 1989 年工作的教师，将其职称改为"教授"。

2. 案例操作步骤

① 选择"创建"选项卡，再单击"查询"选项组中的"查询设计"按钮。

② 在"显示表"对话框中选择"教师"表，并单击"添加"按钮。

③ 在查询"设计视图"的上半部分窗口中，双击"教师"表中的"工作时间"字段，使其显示在"设计视图"的下半部分窗口中。

④ 在"条件"行对应的"工作时间"字段单元格中输入"Year([工作时间])=1989"。

⑤ 选择"查询工具"的"设计"选项卡，再单击"查询类型"选项组中的"更新"按钮，在"设计视图"的下半部分窗口中增加了一行"更新到"。

⑥ 在查询"设计视图"的上半部分窗口中，双击"教师"表中的"职称"字段，使其显示在"设计视图"的下半部分窗口中。

⑦ 在"更新到"行对应的"职称"字段单元格中输入"教授"。

⑧ 运行查询，提示"您正准备更新 6 行"，选择"是"。

⑨ 查看"教师"表的相关记录，发现 1989 年工作的教师其职称都被修改为"教授"。

⑩ 将查询对象保存为"更新查询"。

【案例 10】追加查询

1. 案例描述

将考试成绩不及格的学生数据追加到"特殊学生成绩"表中，这里的"特殊学生成绩"表是已经建立好的包含有考试成绩 90 分以上的学生数据信息。

2. 案例分析

使用追加查询之前，务必检查被追加数据的目标表包含哪些字段，将这些字段所在的表或查询作为追加查询的数据源，并选择这些字段，以保证追加数据后的目标表不会出现部分字段值为空的现象。

3. 案例操作步骤

① 打开"特殊学生成绩"表，查看表中包含的字段有"学生编号"、"姓名"和"考试成绩"。

② 选择"创建"选项卡，再单击"查询"选项组中的"查询设计"按钮。

③ 在"显示表"对话框中选择"学生"表和"选课成绩"表，并单击"添加"按钮。

④ 在查询"设计视图"的上半部分窗口中，双击"学生"表中的"学生编号"字段和"姓名"字段，双击"选课成绩"表中的"考试成绩"字段，使它们显示在"设计视图"的下半部分窗口中。

⑤ 在"条件"行对应的"考试成绩"字段单元格中输入"<60"。

⑥ 选择"查询工具"的"设计"选项卡，再单击"查询类型"选项组中的"追加"按钮，将弹出一个"追加"对话框。

⑦ 在"追加到表名称"的下拉列表中选择"特殊学生成绩"表，并选择"确定"。

⑧ 运行查询，提示"您正准备追加9行"，选择"是"。

⑨ 查看"特殊学生成绩"表的相关记录，发现在表的末尾追加了9个考试成绩不及格的学生数据。

⑩ 将查询对象保存为"追加查询"。

追加后的"特殊学生成绩"表如图3-8所示。

图 3-8　追加后的"特殊学生成绩"表

【案例 11】 SELECT 数据查询

1. 案例描述

学会用"SQL 视图"查看并辅助建立数据查询。

① 查找考试成绩在 90 分以上的学生数据，显示"学生编号"和"考试成绩"两个字段，并按照"考试成绩"降序排列。

② 查找考试成绩最高或最低的学生数据，显示"学生编号"和"考试成绩"两个字段。

③ 查找考试成绩在 90 分以上的学生数据，只显示"学生编号"字段，并要求记录值唯一。

④ 计算各类职称的教师人数，要求只显示该职称人数超过 10 人的数据信息。

2. 案例操作步骤

设置条件并排序，操作如下。

① 选择"创建"选项卡，再单击"查询"选项组中的"查询设计"按钮。

② 在"显示表"对话框中选择"选课成绩"表，并单击"添加"按钮。

③ 在查询"设计视图"的上半部分窗口中，双击"选课成绩"表中的"学生编号"和"考试成绩"字段，使其显示在"设计视图"的下半部分窗口中。

④ 在"条件"行对应的"考试成绩"字段单元格中输入">90"。

⑤ 在"排序"行对应的"考试成绩"字段下拉列表中选择"降序"。

⑥ 切换视图到"SQL 视图"，查看相应的 SELECT 查询语句。

查找最高或最低考试成绩，操作如下。

① 删除"条件"行对应的"考试成绩"字段单元格中已输入的条件。

② 选择"查询工具"中的"设计"选项卡，修改"查询设置"选项组中的"返回"为 1。

③ 运行查询，查看查询结果，将显示最高考试成绩数据信息。

④ 切换视图到"SQL 视图"，修改语句，去掉表示降序的 DESC 或改为 ASC。

⑤ 运行查询，查看查询结果，将显示出最低考试成绩数据信息。

查找数据，并去掉重复项，保证唯一性，操作如下。

① 切换视图到"设计视图"，在"条件"行对应的"考试成绩"字段单元格中输入条件">90"。

② 将"考试成绩"字段的"排序"行设置为"（不排序）"。

③ 取消选中"显示"行对应的"考试成绩"字段复选框。

④ 选择"查询工具"中的"设计"选项卡，修改"查询设置"选项组中的"返回"为 All。

⑤ 切换视图到"SQL 视图"，在 SELECT 和字段名之间补上 DISTINCT。

⑥ 运行查询，查询结果显示出的"学生编号"就不再有重复项了。

分组统计后再设置条件，操作如下。

① 选择"创建"选项卡，再单击"查询"选项组中的"查询设计"按钮。

② 在"显示表"对话框中选择"教师"表，并单击"添加"按钮。

③ 在查询"设计视图"的上半部分窗口中，双击"教师"表中的"职称"和"教师编号"字段，使其显示在"设计视图"的下半部分窗口中。

④ 选择"查询工具"的"设计"选项卡，再单击"显示/隐藏"选项组中的"汇总"按钮。

⑤ 在"总计"行对应"教师编号"字段的下拉列表中选择"计数"。

⑥ 在"条件"行对应的"教师编号"字段单元格中输入">10"。

⑦ 切换视图到"SQL 视图"，在 GROUP BY 后面增加了 HAVING，实现分组后再加以条件限制。

⑧ 运行查询，查询结果只显示"职称"分组后每组 10 人以上（含 10 人）的数据信息。

3.3 本章小结

本章主要学习了查询的概念和功能，不同查询类型的创建和使用等内容，重点掌握以下几个知识点。

① 理解查询的概念和功能。查询是按照一定条件从数据库表或已建立的查询中检索数据，利用查询可以实现选择字段、选择记录、编辑记录、实现计算以及建立新表等多种功能。

② 在查询向导引导下创建选择查询和不匹配项查询，使用查询向导创建查询时不能设置查询条件。

③ 使用查询"设计视图"创建带条件的查询和以交互方式输入一个或多个条件值的参数查询。

④ 使用查询设计视图中的"总计"行实现统计计算查询、分组统计和带"计算条件"的查询。

⑤ 使用查询"设计视图"创建交叉表查询实现在行与列的交叉处对数据进行统计。

⑥ 创建生成表查询、删除查询、更新查询、追加查询，实现新表的创建，数据的删除、更新和追加。

⑦ 使用"SQL视图"查看并辅助建立数据查询。

3.4 习题

说明：请在数据库文件"qry_exec.accdb"中完成以下习题操作。

1. 选择查询

① 以表对象"tEmployee"和"tGroup"为数据源，创建选择查询，查找并显示主管和经理的"编号"、"姓名"、"所属部门"和部门名称信息，查询对象保存为"qT1"。

② 以表对象"tEmployee"和"tGroup"为数据源，创建选择查询，查找并显示1999年以前聘用（不含1999年）且没有运动爱好职工的"编号"、"姓名"、"性别"、"年龄"和"职务"5个字段内容，查询对象保存为"qT2"。

③ 以表对象"tEmployee"和"tGroup"为数据源，创建选择查询，查找并显示聘期超过20年（使用函数）的开发部职工的"编号"、"姓名"、"职务"和"聘用时间"4个字段内容，查询对象保存为"qT3"。

④ 以表对象"tEmployee"和"tGroup"为数据源，创建选择查询，查找年龄低于所在部门职工平均年龄的职工记录，显示职工的"姓名"、"职务"和所属部门名称，

查询对象保存为"qT4"。

⑤ 以表对象"tSalary"和"tStaff"为数据源，创建选择查询，查找并显示员工的"年月"、"姓名"、"工资"、"水电房租费"及"应发工资"5 列内容。其中"应发工资"列数据由计算得到，计算公式为：应发工资＝工资－水电房租费，查询对象保存为"qT5"。

⑥ 以表对象"tSalary"和"tStaff"为数据源，创建选择查询，查找各位员工在 2005 年平均工资高于 1 500 元的信息，显示"工号"、"姓名"和"平均工资"3 列内容，查询对象保存为"qT6"。

2. 参数查询

① 以表对象"tEmployee"和"tGroup"为数据源，创建参数查询，按照部门名称查找职工信息，显示职工的"编号"、"姓名"及"聘用时间"3 个字段的内容。要求显示参数提示信息为"请输入职工所属部门名称"，查询对象保存为"qT7"。

② 以表对象"tBand"和"tLine"为数据源，创建参数查询，按输入的月份查找旅游线路信息，并按"线路 ID"升序，"线路 ID"相同的情况下按"团队 ID"降序依次显示"月份"、"线路 ID"、"团队 ID"和"线路名"字段内容，查询对象保存为"qT8"；当运行该查询时，应显示参数提示信息"请输入出发的月份："。

③ 以表对象"tBand"和"tLine"为数据源，创建参数查询，按输入的费用范围查找旅游线路信息，并按照费用降序显示"线路名"、"费用"、"团队 ID"和"导游姓名"4 个字段的内容，查询对象保存为"qT9"；当运行该查询时，应显示参数提示信息"请输入最低费用："和"请输入最高费用："。

3. 交叉表查询

① 以表对象"tBand"和"tLine"为数据源，创建交叉表查询，统计并显示各年份每位导游的带团个数，要求行标题为"年份"，列标题为"导游姓名"，计算字段为"团队 ID"，查询对象保存为"qT10"。

② 以表对象"tEmployee"和"tGroup"为数据源，创建交叉表查询，统计并显示各部门各种职务员工的平均年龄，要求行标题为"部门名称"，列标题为"职务"，计算字段为"年龄"，不保留小数位，查询对象保存为"qT11"。

4. 生成表查询

① 以表对象"tEmployee"为数据源，创建生成表查询，组成字段是没有任何爱好职工的"姓名"、"职务"和"聘用年"，生成的数据表命名为"无爱好职工"，查询对象保存为"qT12"。

② 以表对象"tSalary"和"tStaff"为数据源，创建生成表查询，汇总各部门每个员工的平均工资，组成字段为"所属部门"、"姓名"和"平均工资"，其中"平均工资"保留两位小数，生成的数据表命名为"各部门员工平均工资"，查询对象保存为"qT13"。

5. 删除查询

① 创建删除查询，删除临时表对象"tTemp"中年龄为奇数的员工记录，查询对象保存为"qT14"。

② 创建删除查询，要求给出提示信息"请输入需要删除的导游姓名："，从键盘输入姓名后，删除表对象"tBandOld"中指定姓名的记录，查询对象保存为"qT15"。

6. 更新查询

① 以表对象"tTemp2"为数据源，创建更新查询，将"年月"为 2005 年 6 月（包含 2005 年 6 月）以后的员工"工资"增加 300 元，查询对象保存为"qT16"。

② 以表对象"tLine"为数据源，创建更新查询，计算字段"优惠后价格"的值，计算公式为：优惠后价格=费用*(1-10%)，查询对象保存为"qT17"。

7. 追加查询

① 以表对象"tEmployee"和"tGroup"为数据源，创建追加查询，将年龄最大的 3 位男职工信息追加到表"tTemp3"对应的字段中，查询对象保存为"qT18"。

② 以表对象"tBand"和"tLine"为数据源，创建追加查询，将 2003 年以后（含 2003 年）出发，费用在 3 000 元至 5 000 元之间（含 3 000 元和 5 000 元）的旅游线路信息追加到目标表"tTemp4"对应的字段中，查询对象保存为"qT19"。

8. Select 查询

① 以表对象"tSalary"为数据源，创建查询，使用 Select 语句查找工资低于 2 000 元且水电房租费高于 220 元的员工信息，显示"工号"、"工资"和"水电房租费"3 个字段内容，并按"工资"降序排列，查询对象保存为"qT20"。

② 以表对象"tEmployee"为数据源，创建查询，使用 Select 语句查找部门人数大于 10 人的部门信息，显示"所属部门"和"部门人数"两列内容，查询对象保存为"qT21"。

③ 以表对象"tEmployee"为数据源，创建查询，查找年龄大于所有人平均年龄的员工的"姓名"、"性别"和"聘用时间"信息，要求子查询用 Select 语句实现，查询对象保存为"qT22"。

3.5 综合实验

【综合实验 1】 数据库文件"qry_samp1.accdb"中已经设计好 4 个关联表对象"tDoctor"、"tOffice"、"tPatient"和"tSubscribe"以及表对象"tTemp"，按以下要求创建相关查询。

① 创建一个查询，查找姓"王"并且姓名为 3 个字的病人的预约信息，显示病人的"姓名"、"年龄"、"性别"、"预约日期"、"科室名称"和"医生姓名"，查询对象保存为"qT1"。

② 创建一个查询，找出没有留下电话的病人，输出病人的"姓名"和"地址"，查询对象保存为"qT2"。

③ 创建一个查询，统计年龄小于 30 岁的医生被病人预约的次数，显示"医生姓名"和"预约次数"两列信息。要求预约次数用"病人 ID"字段计数并降序排序，查询对象保存为"qT3"。

④ 创建一个查询，统计星期三（由预约日期判断）某科室（要求按"科室 ID"查找）预约病人的平均年龄，要求显示标题为"平均年龄"，保留两位小数。当运行该查询时，屏幕显示提示信息"请输入科室 ID:"，查询对象保存为"qT4"。

⑤ 创建一个查询，删除表对象"tTemp"内所有"预约日期"为 10 月以后（不含 10 月）的记录，查询对象保存为"qT5"。

【综合实验 2】数据库文件"qry_samp2.accdb"中已经设计好表对象"tOrder""tDetail""tEmployee"和"tBook"，按以下要求创建相关查询。

① 创建一个查询，查找清华大学出版社出版的图书中定价在 20 元至 30 元之间（含 20 元和 30 元）的图书信息，并按定价由高到低显示"图书名称"、"类别"、"定价"和"作者名"，查询对象保存为"qT1"。

② 创建一个查询，按订购月份查找相关的售书信息，显示"姓名"、"图书名称"、"单价"和"数量"。当运行该查询时，提示框中应显示"请输入订购月份:"，查询对象保存为"qT2"。

③ 创建一个查询，计算每名雇员的奖金，保留两位小数，显示标题为"雇员号"和"奖金"，查询对象保存为"qT3"。

说明：奖金=每名雇员的销售金额(单价*数量)合计数×5%

④ 创建一个查询，统计并显示该公司没有销售业绩的雇员人数，显示标题为"没有销售业绩的雇员人数"，查询对象保存为"qT4"。要求：使用关联表的主键或外键进行相关统计操作。

⑤ 创建一个查询，计算并显示每名雇员各月售书的总金额，显示时行标题为"月份"，列标题为"姓名"，查询对象保存为"qT5"。

注意：金额=单价*数量

要求：使用相关函数，使计算出的总金额按整数显示。

第 4 章
窗体

本章素材

窗体是 Access 数据库的重要对象,它既是管理数据库的窗口,也是用户与数据交互的桥梁。通过窗体可以输入、编辑、显示和查询数据,还可以将数据库中的对象组织起来,形成一个功能完整、风格统一的数据库应用系统。

本章案例、习题及综合实验参考答案

4.1 知识梳理

本章依次从以下 3 个方面介绍窗体的相关知识及基本操作：第一，窗体的概念和作用，窗体的类型和视图；第二，采用窗体向导或设计视图方式创建窗体；第三，窗体设计视图的组成、常用控件及其功能、窗体和控件的属性设置以及窗体的修饰。

4.1.1 窗体概述

主要介绍窗体的作用、窗体的类型以及窗体的视图。

1. 窗体的作用

窗体是应用程序和用户之间的接口，是创建数据库应用系统最基本的对象。

窗体的作用主要体现在 3 个方面：输入和编辑数据、显示和打印数据以及控制应用程序执行流程。

2. 窗体的类型

窗体的类型按照功能可以分为以下 4 种。

（1）数据操作窗体

数据操作窗体主要用于对表或查询进行显示、浏览、输入、修改等操作。以"输入教师基本信息"窗体为例，如图 4-1 所示。

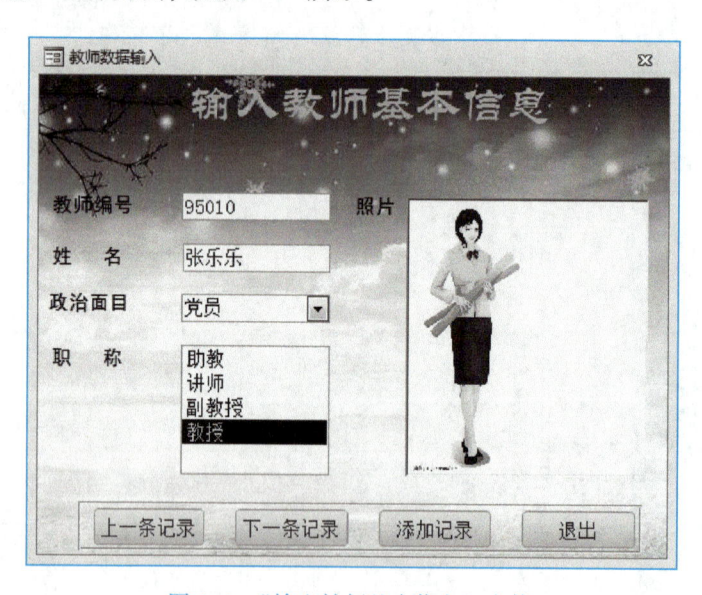

图 4-1 "输入教师基本信息"窗体

（2）控制窗体

控制窗体主要用于操作、控制程序的运行，它通过选项卡、按钮、单选按钮、复选框等控件来响应用户的请求。以"教学管理系统"窗体为例，如图 4-2 所示。

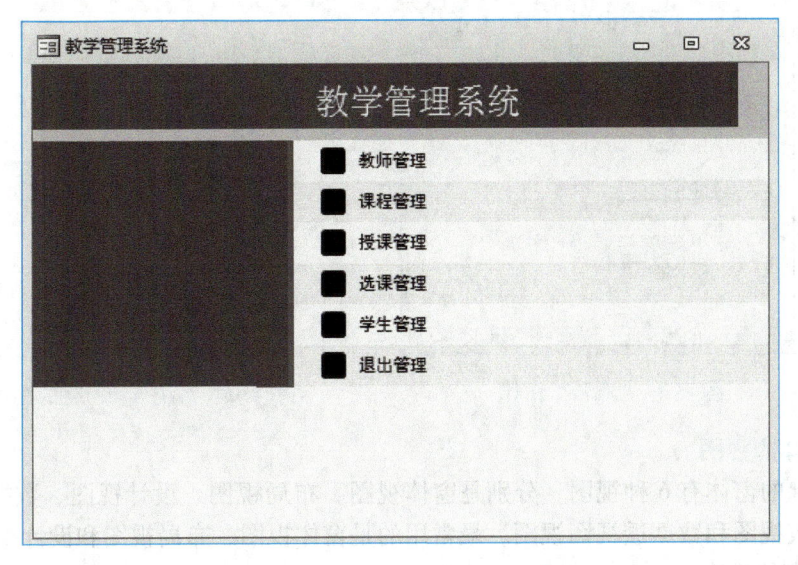

图 4-2 "教学管理系统"窗体

(3) 信息显示窗体

信息显示窗体主要用于显示信息，通常是以数值或者图表的形式显示。以"男女生最大年龄"窗体为例，如图 4-3 所示。

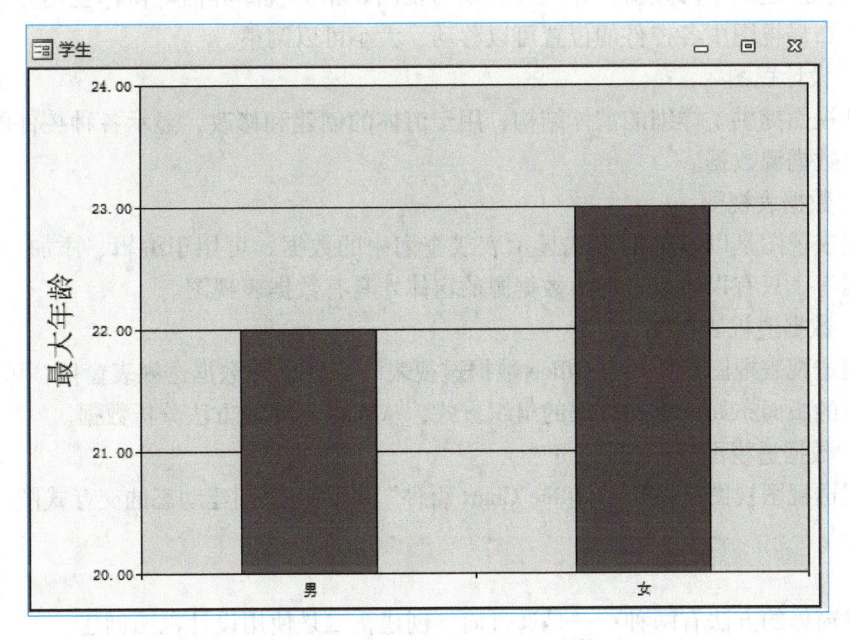

图 4-3 "男女生最大年龄"窗体

(4) 交互信息窗体

交互信息窗体可以由用户定义，用于接受用户输入、显示系统运行结果等需求，以"求和"窗体为例，如图 4-4 所示；也可以由系统自动产生，通常用于显示各种警告、提示信息等需求，如图 4-5 所示。

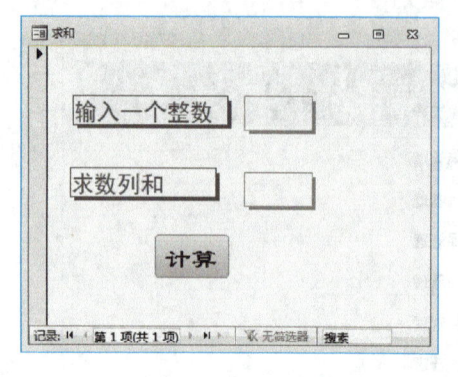

图 4-4 "求和"窗体　　　　　　　　图 4-5 系统自动产生的窗体

3. 窗体的视图

Access 的窗体有 6 种视图，分别是窗体视图、布局视图、设计视图、数据表视图、数据透视表视图和数据透视图视图。最常用的是窗体视图、布局视图和设计视图。

（1）窗体视图

窗体视图是窗体运行时的显示形式，是窗体设计效果的体现，可浏览窗体所绑定的数据源数据信息。

（2）布局视图

布局视图是用于修改窗体外观最直观的视图。布局视图界面与窗体视图界面相似，区别在于布局视图中各控件的位置可以移动，大小可以调整。

（3）设计视图

设计视图提供了详细的窗体结构，用于窗体的创建和修改，显示各种控件的布局，但不显示数据源数据。

（4）数据表视图

数据表视图是以表格的形式显示表或查询中的数据，可用于编辑、添加、删除和查找数据等。只有以表或查询为数据源的窗体才具有数据表视图。

（5）数据透视表视图

数据透视表视图是使用"Office 数据透视表"组件创建数据透视表窗体，可以动态更改窗体的版面布局，重构数据的组织方式，从而以不同的方法分析数据。

（6）数据透视图视图

数据透视图视图是使用"Office Chart 组件"帮助用户创建动态的交互式图表。

4.1.2 创建窗体

创建窗体的方法有两种：一是通过向导创建，二是使用设计视图创建。

在 Access 2010"创建"选项卡的"窗体"选项组中，提供了多种创建窗体的功能按钮，如图 4-6 所示。

各选项的功能如下。

① **窗体**。是一种快速创建窗体的工具，先选定数据源（表或者查询），再选择该选项便可自动创建窗体。在该窗体中一次只能输入一条记录信息。

图 4-6 窗体选项组

② 窗体设计。选择该选项，将在窗体的"设计视图"中创建一个空白窗体。

③ 空白窗体。选择该选项，可以创建不带控件或格式的窗体。这是一种快捷的窗体构建方式，能够直接从字段列表中添加绑定型控件。

④ 窗体向导。选择该选项，显示窗体向导对话框，可以帮助创建简单可自定义的窗体。这是一种辅助用户创建窗体的工具，通过提供的向导，建立基于一个或多个数据源的不同布局的窗体。

⑤ 导航。选择该选项，用于创建具有导航按钮的窗体，也称为导航窗体。导航窗体有 6 种不同的布局格式，但创建方式是相同的。导航工具更适合于创建 Web 形式的数据库窗体。

⑥ 其他窗体。选择该选项，可以创建特定窗体，包含"多个项目"、"数据表"、"分割窗体"、"模式对话框"、"数据透视图"和"数据透视表"窗体。

4.1.3 窗体的设计视图

选择"创建"选项卡，再单击"窗体"选项组中的"窗体设计"按钮，即可使新建窗体进入"设计视图"。

1. 设计视图的组成

窗体"设计视图"由 5 部分组成，每部分称为节，分别是主体、窗体页眉、页面页眉、页面页脚和窗体页脚，如图 4-7 所示。

① 窗体页眉。位于窗体顶部位置，一般用于设置窗体的标题、窗体使用说明或打开相关窗体及执行其他功能的命令按钮等。

② 窗体页脚。位于窗体底部，一般用于显示对所有记录都要显示的内容、使用命令的操作说明等信息，也可以设置命令按钮，以便进行必要的控制。

③ 页面页眉。一般用于设置窗体在打印时的页头信息，例如，标题、用户要在每一页上方显示的内容。

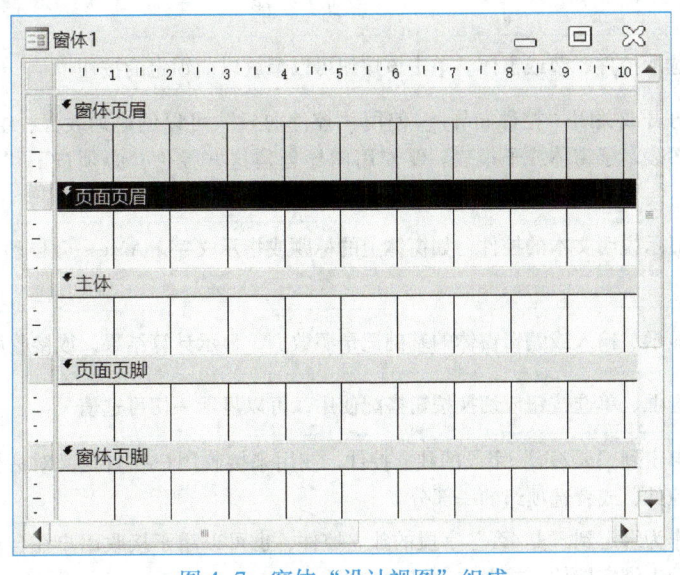

图 4-7 窗体"设计视图"组成

④ 页面页脚。一般用来设置窗体在打印时的页脚信息，例如，日期、页码或用户要在每一页下方显示的内容。

⑤ 主体。通常用来显示记录数据，可以在屏幕或页面上只显示一条记录，也可以显示多条记录。

默认情况下，窗体"设计视图"只显示主体节。若要显示其他 4 个节，需右击主体节的空白区域，在弹出的快捷菜单中执行"窗体页眉/页脚"命令和"页面页眉/页脚"命令。

2．"窗体设计工具"选项卡

打开窗体"设计视图"后，在功能区中会出现"窗体设计工具"选项卡组，这个选项卡组由"设计"、"排列"和"格式"3 个选项卡组成。其中，"设计"选项卡提供了设计窗体时用到的主要工具，包括"视图"、"主题"、"控件"、"页眉/页脚"以及"工具"5 个选项组，如图 4-8 所示。

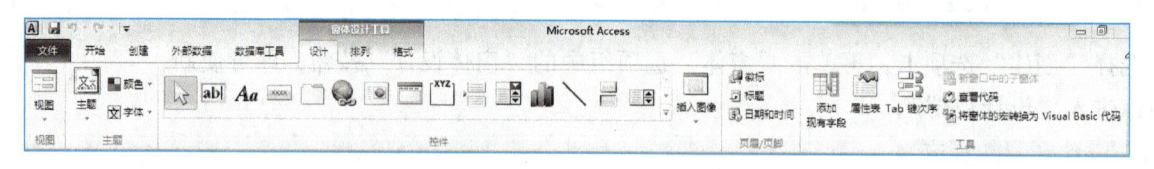

图 4-8　窗体设计工具

4.1.4　常用控件及功能

控件是窗体中的对象，它在窗体中起着显示数据、执行操作，以及修饰窗体的作用。"控件"组集成了窗体设计中用到的控件，常用控件按钮的基本功能如表 4-1 所示。

表 4-1　常用控件名称及功能

按钮	名　称	功　　能
	选择	用于选取控件、节或窗体。单击该按钮可以释放以前锁定的按钮
	使用控件向导	用于打开或关闭"控件向导"。使用"控件向导"可以创建列表框、组合框、选项组、按钮、图表、子窗体或子报表。要使用向导创建这些控件，必须按下"使用控件向导"按钮
	标签	用于显示说明文本的控件，如窗体上的标题或指示文字。Access 会自动为创建的控件附加标签
	文本框	用于显示、输入或编辑窗体的基础记录源数据，显示计算结果，或接收用户输入的数据
	选项组	与复选框、单选按钮或切换按钮搭配使用，可以显示一切可选值
	切换按钮	作为绑定到"是/否"字段的独立控件，或用来接收用户在自定义对话框中输入数据的未绑定控件，或者选项组的一部分
	选项按钮	可以作为绑定到"是/否"字段的独立控件，也可以用于接收用户在自定义对话框中输入数据的未绑定控件，或者选项组的一部分

续表

按钮	名称	功能
☑	复选框	可以作为绑定到"是/否"字段的独立控件，也可以用于接收用户在自定义对话框中输入数据的未绑定控件，或者选项组的一部分
	组合框	该控件具有列表框和文本框的特性，即可以在文本框中输入文字或在列表框中选择输入项，然后将值添加到基础字段中
	列表框	显示可滚动的数值表。在窗体视图中，可以从列表中选择值输入到新记录中，或者更改现有记录中的值
	按钮	用于完成各种操作，如查找记录、打印记录或应用窗体筛选
	图像	用于在窗体中显示静态图片。由于静态图片并非 OLE 对象，所以一旦将图片添加到窗体或报表中，便不能在 Access 内进行图片编辑
	未绑定对象框	用于在窗体中显示未绑定 OLE 对象，例如 Excel 电子表格。当在记录间移动时，该对象将保持不变
	绑定对象框	用于在窗体或报表上显示 OLE 对象，例如一系列的图片。该控件针对的是保存在窗体或报表基础记录源字段中的对象。当在记录间移动时，不同的对象将显示在窗体或报表上
	插入分页符	用于在窗体上开始一个新的屏幕，或在打印窗体上开始一个新页
	选项卡控件	用于创建一个多页的选项卡窗体或选项卡对话框。可以在选项卡控件上复制或添加其他控件
	子窗体/子报表	用于显示来自多个表的数据
	直线	用于突出相关的或特别重要的信息
	矩形	显示图形效果，例如在窗体中将一组相关的控件组织在一起
	ActiveX 控件	是由系统提供的可重用的软件组件。使用 ActiveX 控件可以很快地在窗体中创建具有特殊功能的控件

4.2 典型案例

【案例 1】使用"窗体设计"创建窗体

1. 案例描述

使用"窗体设计"创建窗体，数据源为"教师"表，显示教师表的相关信息，并能够输入教师基本信息，窗体名为"输入教师基本信息"，设计视图效果如图 4-9 所示，窗体视图效果如果 4-10 所示。

2. 案例操作步骤

这个窗体的设计过程分为标题的设计、主体的设计和按钮的设计 3 个部分。

视频 4-1
设计窗体

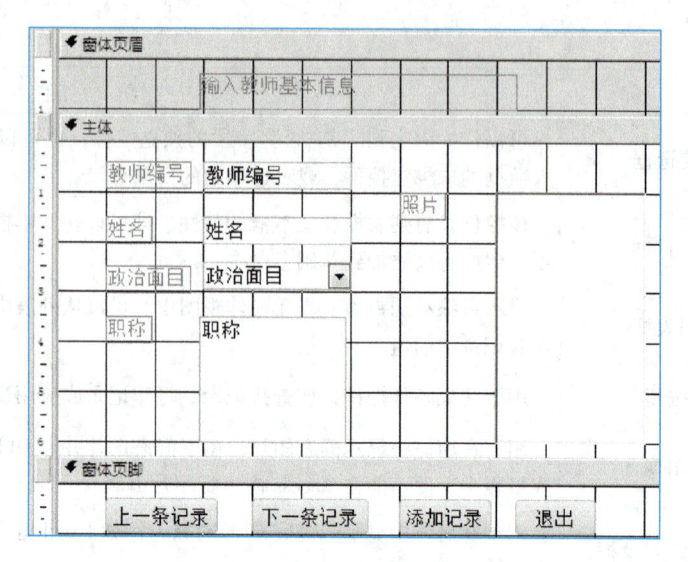

图 4-9　案例 1 "设计视图" 效果

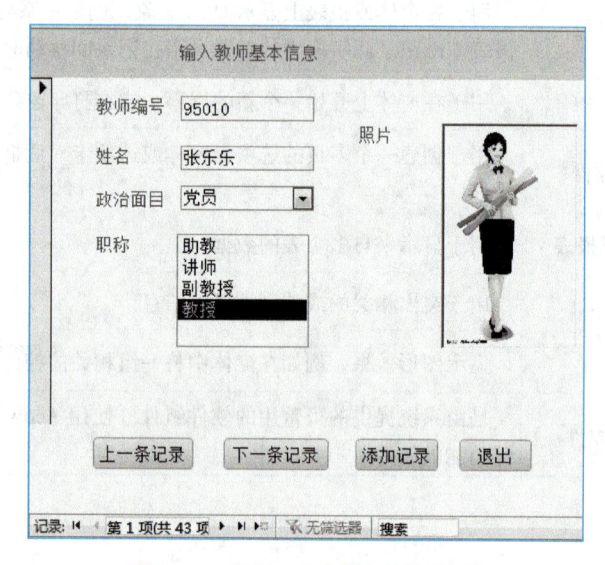

图 4-10　案例 1 "窗体视图" 效果

① 选择"创建"选项卡，再单击"窗体"选项组中的"窗体设计"按钮。
② 保存窗体对象名为"输入教师基本信息"。
③ 在窗体"主体"节空白区域内右击，在弹出的快捷菜单中选择"窗体页眉/页脚"命令。
④ 在"窗体页眉"节添加标签控件。选择"控件"选项组中的"标签"控件，在"窗体页眉"节的适当位置拖出一个区域，输入文字"输入教师基本信息"。
⑤ 修改标签控件的名称。单击选定标签控件后，再单击"工具"选项组中的"属性表"按钮，在"属性表"对话框的"全部"选项卡中找到"名称"，将其修改为"title"。
⑥ 设置窗体的记录源。在"属性表"对话框的"所选内容的类型"下拉列表中选

择"窗体",再选择"数据"选项卡,在"记录源"的下拉列表中选择"教师"表。

⑦ 添加相关字段到窗体"主体"节。选择"工具"选项组中的"添加现有字段",显示"教师"表的所有字段列表。拖动"教师编号"、"姓名"、"政治面目"和"职称"字段到窗体的"主体"节,并调整好位置。

⑧ 修改"职称"的"组合框"控件为"列表框"控件。右击窗体"主体"节的"职称"控件,在弹出的快捷菜单中选择"更改为"命令,接着在其下拉子菜单中选择"列表框"命令。

⑨ 在"窗体页脚"节插入按钮。选择"控件"选项组中的"按钮"控件,在"窗体页脚"节适当位置拖出一个区域,将弹出"命令按钮向导"对话框。在左侧"类别"选项区域中选择"记录导航",在右侧"操作"选项区域中选择"转至前一项记录"。单击"下一步"按钮,选择"文本"选项,以确定在按钮上显示文本,并输入"上一条记录",单击"完成"按钮。使用类似方法插入"下一条记录"、"添加记录"和"退出"3个按钮。

⑩ 保存窗体,切换视图到"窗体视图"查看效果。

【案例2】 对案例1窗体进行修饰

视频4-2
修饰窗体

1. 案例描述

在案例1的"输入教师基本信息"窗体基础上,进行窗体的格式设置、标签控件的格式设置、控件的排列以及增加修饰控件。完成后的窗体效果如图4-1所示。

2. 案例操作步骤

窗体的格式设置如下。

① 打开"输入教师基本信息"窗体,并切换视图到"设计视图"。

② 单击"工具"选项组中的"属性表"命令。

③ 在"属性表"对话框"所选内容的类型"下拉列表中选择"窗体",选择"格式"选项卡。

④ 在"标题"栏中输入"教师数据输入";在"记录选择器"栏的下拉列表中选择"否";在"导航按钮"栏的下拉列表中选择"否";在"滚动条"栏的下拉列表中选择"两者均无";在"最大最小化按钮"栏的下拉列表中选择"无";单击"图片"栏的右侧...按钮,在弹出的对话框中选择背景图片文件。

标签控件的格式设置如下。

① 在"窗体页眉"节选定标签控件,或者在"属性表"对话框"所选内容的类型"下拉列表中选择"title"。

② 在"窗体设计工具"的"格式"选项卡中,对标签进行"字体"、"字号"和"颜色"等格式设置,或者在"属性表"对话框的"格式"选项卡中进行相应的格式设置。

控件的排列操作如下。

① 按住鼠标左键拖曳,选定"窗体页脚"节的4个按钮控件。

② 在选定区域内右击鼠标,在弹出的快捷菜单中选择"对齐"命令,接着在其下拉子菜单中选择"靠上"命令,实现4个按钮靠上对齐。或者选择"窗体设计工具"

的"排列"选项卡,在"调整大小和排序"选项组中单击"对齐"按钮,在其下拉列表中选择"靠上"。

③ 在选定区域内右击,在弹出的快捷菜单中选择"大小"命令,接着在其下拉子菜单中选择"至最宽"命令,实现4个按钮大小一致。或者选择"窗体设计工具"的"排列"选项卡,在"调整大小和排序"选项组中单击"大小/空格"按钮,在其下拉列表"大小"选项组中选择"至最宽"。

④ 选择"窗体设计工具"的"排列"选项卡,在"调整大小和排序"选项组中单击"大小/空格"按钮,在其下拉列表"间距"选项组中选择"水平相等",实现4个按钮水平间距相等。

增加修饰控件如下。

Access 窗体中的修饰控件有两种,一种是直线控件,一种是矩形控件。

① 选择"窗体设计工具"的"设计"选项卡,在"控件"选项组中选择"矩形"控件。

② 在"窗体页脚"节,按住鼠标左键拖曳,将4个按钮控件放置在矩形框内。

③ 切换视图到"窗体视图",查看窗体效果。

4.3 本章小结

本章主要学习了窗体的概念和作用、窗体的类型和视图、创建和设计窗体的方法以及常用控件的功能等内容,重点掌握以下两方面内容。

① 理解窗体的概念和作用。窗体是应用程序和用户之间的接口,通过窗体可以输入、编辑、显示、打印数据和控制应用程序执行流程。

② 使用"窗体设计"创建窗体,设置窗体和控件的"格式"属性,以及通过应用主题和增加修饰控件等功能修饰窗体。

4.4 习题

说明:请在数据库文件"frm_exec.accdb"中完成以下习题操作。

1. 创建窗体

① 以"tEmployee"表为数据源,使用"多个项目"工具创建窗体,并在"布局视图"下调整控件的大小和位置,使整体效果更加美观,如图4-11所示,并将窗体命名为"Newform1"。

② 以"tEmployee"表为数据源,创建按不同职务汇总的男女职工人数的数据透视表窗体,其中筛选字段为"所属部门",行字段为"职务",列字段为"性别",汇总字段为"编号",如图4-12所示,并将窗体命名为"Newform2"。

图 4-11　Newform1 "窗体视图" 效果

图 4-12　Newform2 "窗体视图" 效果

③ 以 "tGroup" 表和 "tEmployee" 表为数据源，使用 "窗体向导" 创建窗体，主窗体显示 "部门编号" 和 "名称"，子窗体显示职工的 "姓名"、"性别"、"年龄"、"职务" 和 "工作时间"，子窗体布局为 "表格"，如图 4-13 所示，并将主窗体命名为 "Newform3"。

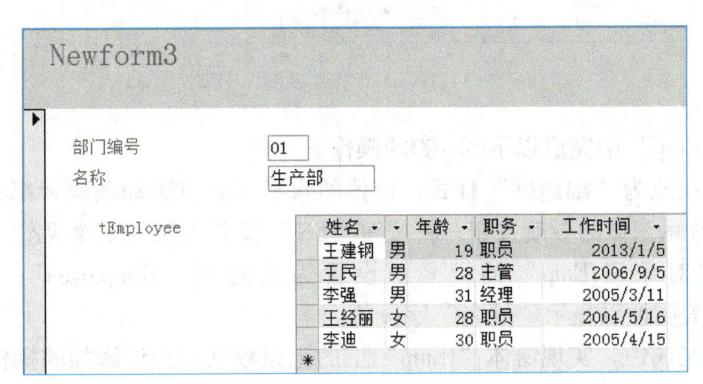

图 4-13　Newform3 "窗体视图" 效果

2. 设计窗体

在窗体 "fTest" 中完成以下①~④的操作。

① 将窗体 "fTest" 的 "标题" 属性设置为 "测试"；将窗体 "fTest" 中名为 "btitle" 的控件设置特殊效果为 "阴影"；将窗体 "fTest" 中按钮 "bt1" 的标题改为 "按钮"。

② 在"窗体页眉"节添加一个标签控件和一个文本框控件,标签控件的标题为"控件布局设计",字体为华文新魏,20号,深红色(自定义 RGB:200,50,50);文本框控件显示当前系统日期,删除附属标签,并将"背景样式"和"边框样式"设置为"透明"。

③ 在窗体"fTest"中,以命令按钮"bt1"为基准,调整命令按钮"bt2"和"bt3"的大小和竖直位置。要求:按钮"bt2"和"bt3"的大小尺寸与按钮"bt1"相同,左边界与按钮"bt1"左对齐;按钮"bt3"的上边距离"bt2"的下边为1厘米;更改窗体上3个命令按钮的 Tab 键移动顺序为:"bt1"→"bt2"→"bt3"→"bt1"→……。

④ 在"主体"节添加一个选项组控件,将其命名为"opt",选项组标签显示内容为"分类",名称为"bopt";在选项组内放置两个单选按钮控件,选项按钮分别命名为"opt1"和"opt2",选项按钮标签显示内容分别为"类别1"和"类别2",名称分别为"bopt1"和"bopt2"。

完成后的效果如图 4-14 所示。

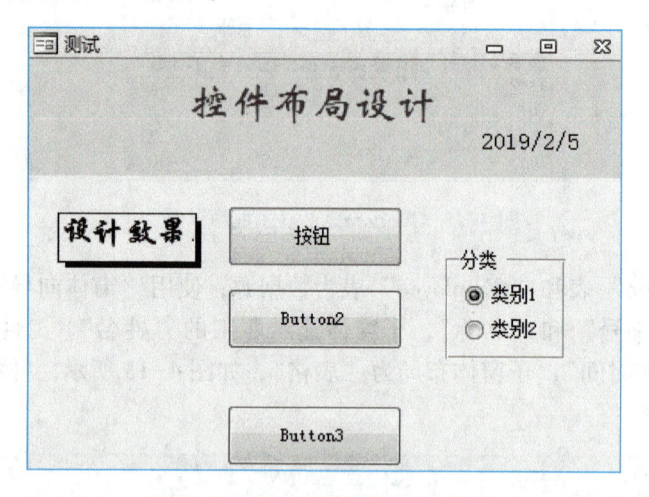

图 4-14 fTest"窗体视图"效果

在窗体"fEmp"中完成以下⑤~⑩的操作。

⑤ 窗体边框改为"细边框"样式,窗体的水平和垂直滚动条两者都有,只显示最大化按钮,并显示窗体的导航按钮;将按钮"bt1"设置为灰色无效状态。

⑥ 将窗体对象"fEmp"的记录源设置为表对象"tEmployee";设置文本框"tName"的相关属性以显示"姓名"字段值。

⑦ 设置相关属性,实现窗体"fEmp"上的记录数据不允许添加的操作(即消除新记录行);设置窗体对象"fEmp"的"记录源"属性和"筛选"属性,使其打开后输出"tEmployee"表中年龄20岁以上(含20岁)的员工信息。

⑧ 将窗体"fEmp"上名称为"tSS"的文本框控件改为组合框控件,控件名称不变,标签标题不变;设置组合框控件的相关属性,以实现从下拉列表中选择输入性别值"男"和"女"。

⑨ 选择合适字段,将查询对象"qEmp"改为参数查询,参数为引用窗体对象"fEmp"上组合框"tSS"的输入值。

⑩ 将窗体对象"fEmp"上名称为"tPa"的文本框控件设置为计算控件。要求依据"党员否"字段值显示相应内容。如果"党员否"字段值为 True，显示"党员"两个字；如果"党员否"字段值为 False，显示"非党员"3 个字。

3. 修饰窗体

① 在窗体对象"fEmp"中，应用条件格式将"年龄"字段值用不同颜色显示。其中 30 岁以下（不含 30 岁）用蓝色字体显示，30 岁至 50 岁之间（含 30 岁和 50 岁）用橙色字体显示，50 岁以上（不含 50 岁）用绿色字体显示。

② 将窗体"fEmp"中名为"bt2"的命令按钮的外观设置为图片显示，图片选择"素材"文件夹中的"exit.bmp"图像文件。

③ 设置窗体对象"fEmp"背景图像为"素材"文件夹中的"photo.jpg"图像文件，并将该图像以平铺方式显示。

完成后的效果如图 4-15 所示。

图 4-15　fEmp"窗体视图"效果

4.5　综合实验

【综合实验 1】 数据库文件"frm_samp1.accdb"中已经设计好两个关联表对象"tStud"和"tScore"，以及窗体对象"fStud"和"fScore 子窗体"，按以下要求完成窗体操作。

① 在"fStud"窗体的"窗体页眉"中距左边 2.5 厘米、距上边 0.3 厘米处添加一个宽 6.5 厘米、高 0.95 厘米的标签控件（名称为"bTitle"），标签控件上的文字为"学生基本情况浏览"，颜色为"蓝色"（蓝色代码为"16711680"）、字体名称为"黑体"、字体大小为 22。

② 取消窗体"fStud"的记录选定器、浏览按钮（导航按钮）和分隔线，在"窗体页脚"节添加 3 个按钮控件，功能分别为"转至前一项记录"、"转至下一项记录"和

"关闭窗体";按钮对应的标题为"上一条记录"、"下一条记录"和"退出",按钮名称为"cmd1"、"cmd2"和"cmd3",并将 3 个按钮设置为大小相等,靠上对齐,水平间距相等。

③ 设置窗体"fStud"中的文本框对象"tAge"为计算控件,要求根据"出生日期"字段值计算并显示学生的年龄。

④ "tStud"表中"学号"字段的第 5 位和第 6 位编码代表该生的专业信息,当这两位编码为"10"时表示"信息"专业,为其他值时表示"经济"专业。对"fStud"窗体中名称为"tSub"的文本框控件进行适当设置,使其根据"学号"字段的第 5 位和第 6 位编码显示对应的专业名称。

⑤ 在"fStud"窗体和"fScore 子窗体"子窗体中各有一个文本框控件用于计算平均成绩,名称分别为"txtMAvg"和"txtAvg",对两个文本框进行适当设置,使"fStud"窗体中的"txtMAvg"文本框能够显示出每名学生所选课程的平均成绩,结果保留两位小数。

注意:不允许修改窗体对象"fStud"和子窗体对象"fScore 子窗体"中未涉及的控件、属性和任何 VBA 代码;不允许修改表对象"tStud"和"tScore"。

完成后的效果如图 4-16 所示。

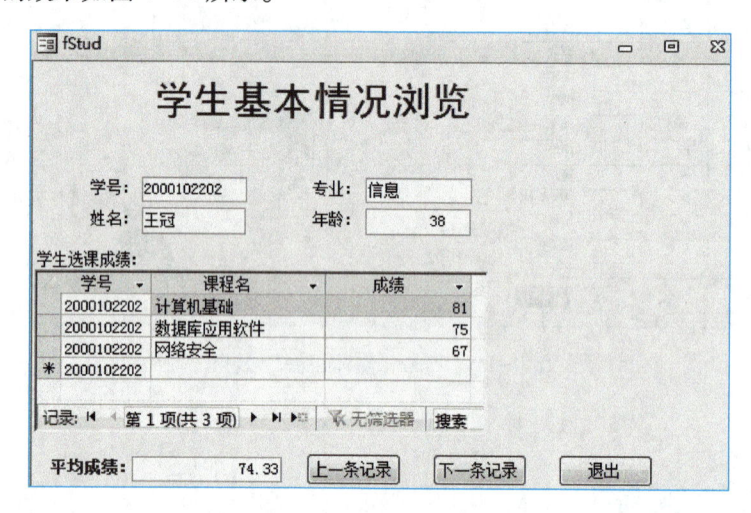

图 4-16 fStud"窗体视图"效果

【综合实验 2】数据库文件"frm_samp2.accdb"中已经设计好表对象"tDoctor"、"tOffice"、"tPatient"和"tSubscribe",同时还设计出窗体对象"fQuery"。试按以下要求完成设计。

① 在窗体的"窗体页眉"中距左边 1.5 厘米、距上边 1.2 厘米处添加一个水平直线控件,控件宽度为 7.8 厘米,边框宽度为 2pt,边框颜色改为"蓝色"(蓝色代码为"#0000FF"),控件命名为"tLine"。

② 将窗体中名称为"Lbl1"的标签控件上的文字颜色设置为深红色(自定义 RGB:150,50,50)、字体名称改为"华文行楷"、字号为 18;并在窗体页眉中添加一个文本框控件用于显示当前系统时间,附属标签标题为"查询日期:"。

③ 在窗体"主体"节添加两个复选框控件,复选框选项按钮分别命名为"opt1"和"opt2",对应的复选框标签显示内容分别为"类型 a"和"类型 b",标签名称分别为"bopt1"和"bopt2"。复选框选项按钮"opt1"和"opt2"的"默认值"属性均为"假"。

④ 运行该窗体后,在文本框(文本框名为"tName")中输入要查询的医生姓名,单击"查询"按钮,即运行一个名为"qT4"的查询。"qT4"查询的功能是显示所查找医生的"医生姓名"和"预约人数"两列信息,其中"预约人数"值由"病人 ID"字段统计得到,请设计"qT4"查询。

⑤ 在"窗体页脚"节添加一个图像控件,图片选择"素材"文件夹中的"doctor.jpg"图像文件,并将该图像以平铺方式显示。

完成后的效果如图 4-17 所示。

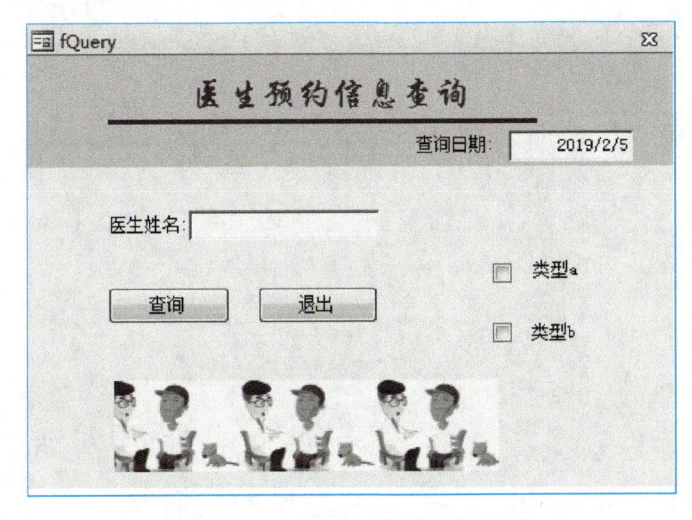

图 4-17 fQuery"窗体视图"效果

第 5 章
报表

本章素材

报表是 Access 提供的一种对象。报表对象可以将数据库中的数据以格式化的形式显示和打印输出。报表的数据来源与窗体相同,可以是已有的数据表、查询或者是新建的 SQL 语句,但报表只能查看数据,不能通过报表修改或输入数据。

本章案例、
习题及综合实验
参考答案

5.1 知识梳理

本章依次从以下 3 个方面介绍报表的相关知识及基本操作：第一，报表的基本概念与组成，报表的视图；第二，创建报表的 5 种方法；第三，报表的排序和分组、使用计算控件实现报表的统计计算。

5.1.1 报表的基本概念与组成

1. 报表基本概念

报表具有以格式化的形式显示和打印输出数据、数据分组和汇总以及数据计算等功能。

2. 报表设计区的基本组成

在报表"设计视图"中设计报表，可以将各种控件放置到"报表页眉"、"报表页脚"、"页面页眉"、"页面页脚"和"主体"节，还可以对数据进行分组，形成"组页眉"和"组页脚"节，每个节在报表中都具有特定的功能。

（1）报表页眉节

报表页眉节中的全部内容都只能输出在报表的开始处，即只在报表的第一页显示，用来显示报表的标题或说明性文字。

（2）页面页眉节

页面页眉节中的内容输出在每页的顶端，通常用于显示字段名称，以保证数据较多报表需要分页时，在报表的每一页都有一个表头。

（3）组页眉节

组页眉节是在报表设计 5 个基本节区域的基础上，使用"排序与分组"中的"添加组"后出现的操作区域，以实现报表数据的分组和统计。

（4）主体节

主体节用来定义报表中最主要的数据输出内容和格式，是报表设计必不可少的操作区域。

（5）组页脚节

组页脚节中的内容主要用于显示分组统计数据结果，可以根据需要单独设置。

（6）页面页脚节

页面页脚节一般包含有页码或控制项的合计内容，可以通过文本框控件设置。

（7）报表页脚节

报表页脚节主要用于显示整个报表的汇总数据结果，显示在报表的最后面。

5.1.2 报表的视图

Access 2010 为报表操作提供了 4 种视图：报表视图、打印预览视图、布局视图和设计视图。

1. 报表视图

报表视图可以用于显示报表数据及计算结果，可以非常方便地对数据格式进行相关设置，还可以对报表中的记录进行查找和筛选。

2. 打印预览视图

打印预览视图可以查看报表的页面数据输出形式，对即将打印的报表实际效果进行预览。如果效果不理想，可以随时更改打印设置。在打印预览视图中，可以放大显示比例以查看细节，也可以缩小显示比例以查看数据的显示效果。

3. 布局视图

布局视图的界面与报表视图相似，但可以对报表中的控件移动位置重新修饰，并利用报表布局工具方便、快捷地在设计、格式、排列等方面进行调整，以创建符合用户需要的报表形式。

4. 设计视图

设计视图显示了报表的基础结构，并提供了许多设计工具。使用设计视图可以设计和编辑报表的结构及布局，可以定义报表数据的输出格式，可以放置各种控件并设置控件的属性等。

5.1.3 创建报表

在 Access 2010 "创建"选项卡的"报表"选项组中，提供了 5 种创建报表的功能按钮，如图 5-1 所示。

1. 使用"报表"功能按钮

单击"报表"功能按钮，将在布局视图中创建以当前数据表或查询为数据源的基本报表，并可以在该基本报表基础上进一步设计报表。例如，先选定"教师"表，再单击"报表"功能按钮，系统自动创建如图 5-2 所示的教师基本信息报表。

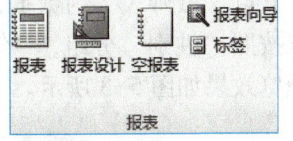

图 5-1 "报表"选项组

教师编号	姓名	性别	生日	政治面目	学历	职称	系别	电话号码
95010	张乐	女	1969/11/10	团员	大学本科	副教授	经济	010-65976444
95011	赵希明	女	1983/1/25	群众	研究生	副教授	经济	010-65976451
95012	李小平	男	1963/5/19	党员	研究生	讲师	经济	010-65976452
95013	李历宁	男	1989/10/29	党员	大学本科	讲师	经济	010-65976453
96010	张爽	男	1958/7/8	群众	大学本科	教授	经济	010-65976454
96011	张进明	男	1992/1/26	团员	大学本科	副教授	经济	010-65976455
96012	邵林丽	女	1983/1/25	研究生	副教授	数学	010-65976544
96013	李燕	女	1969/6/25	群众	大学本科	讲师	数学	010-65976544
96014	苑平	女	1957/9/18	党员	研究生	教授	数学	010-65976545
97010	张山山	男	1990/6/18	群众	大学本科	讲师	数学	010-65976548
97011	扬灵	女	1990/6/18	群众	大学本科	讲师	系统	010-65976666
97012	林泰康	男	1990/6/18	群众	大学本科	讲师	系统	010-65976666
97013	胡方	男	1958/7/8	党员	大学本科	副教授	系统	010-65976667

图 5-2 "教师"报表

2. 使用"报表设计"功能按钮

单击"报表设计"功能按钮，将在设计视图中新建一个空报表，可以对报表进行高级设计，例如添加相关控件并设置相应属性等。

3. 使用"空报表"功能按钮

单击"空报表"功能按钮，将在布局视图中新建一个空报表，可以在其中插入数据表中的相关字段或添加相关控件，再进一步设计报表。

4. 使用"报表向导"功能按钮

单击"报表向导"功能按钮，显示报表向导对话框，帮助创建简单的自定义报表。

5. 使用"标签"功能按钮

单击"标签"功能按钮，显示标签向导，可以创建标准标签或自定义标签。

5.2 典型案例

【案例1】创建报表

1. 案例描述

以"教师表"为数据源，生成一张教师信息报表，报表对象名为"任务一"。要求按照"性别"分组，"年龄"升序排列，并统计男女教师人数，完成后的报表打印预览效果如图 5-3 所示。

教师信息报表								
性别	教师编号	姓名	生日	政治面目	学历	职称	系别	电话号码
男								
	96011	张进明	1992/1/26	团员	大学本科	副教授	经济	010- 65976455
	97012	林泰康	1990/6/18	群众	大学本科	讲师	系统	010- 65976666
	97010	张山山	1990/6/18	群众	大学本科	讲师	数学	010- 65976548
	95013	李历宁	1989/10/29	党员	大学本科	讲师	经济	010- 65976453
	95012	李小平	1963/5/19	党员	研究生	讲师	经济	010- 65976452
	97013	胡方	1958/7/8	党员	大学本科	副教授	系统	010- 65976667
	96010	张聚	1958/7/8	群众	大学本科	教授	经济	010- 65976454
	7							
女								
	97011	扬灵	1990/6/18	群众	大学本科	讲师	系统	010- 65976666
	96012	邵林丽	1983/1/25	群众	研究生	副教授	数学	010- 65976544
	95011	赵希明	1983/1/25	群众	研究生	副教授	经济	010- 65976451
	95010	张乐	1969/11/10	团员	大学本科	副教授	经济	010- 65976444
	96013	李燕	1969/6/25	群众	大学本科	讲师	数学	010- 65976544
	96014	苑平	1957/9/18	党员	研究生	教授	数学	010- 65976545
	6							
	13							

图 5-3 "任务一"效果图

2. 案例操作步骤

这个报表的设计过程分为以下几个步骤：生成基本报表、进行页面排版、分组、排序和完成统计计算。

① 选定表对象"教师"，选择"创建"选项卡，单击"报表"选项组中的"报表"按钮，自动生成一个快速报表。

② 在"布局视图"下调整列宽，对报表进行页面排版。

③ 切换视图到"打印预览"视图，查看排版结果，以保证报表内容完整显示在同一页纸上。

④ 切换视图到"布局视图"，选择"报表布局工具"的"设计"选项卡，找到"分组和汇总"选项组，单击选项组中的"分组和排序"按钮，将出现如图 5-4 所示的操作界面。

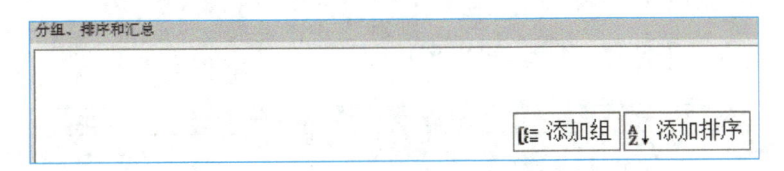

图 5-4 "分组和排序"操作界面

⑤ 单击"添加组"按钮，选择字段"性别"，实现按照"性别"分组。

⑥ 单击"添加排序"按钮，排序依据选择"生日"，"升序"修改为"降序"。

⑦ 单击选定"主体"节中的"教师编号"字段，再在"分组和汇总"选项组中的"合计"下拉列表中选择"记录计数"。

⑧ 在当前"布局视图"下，调整显示统计结果的文本框大小，使数据完整显示出来。

⑨ 切换视图到"打印预览"，查看打印输出效果。

⑩ 保存报表，报表对象命名为"任务一"。

【案例 2】对案例 1 报表进行修改

1. 案例描述

在案例 1 的"任务一"报表基础上完成以下操作：以"教师编号"的前两位编号为分组依据进行分组，将"生日"字段改成"年龄"，统计每组教师的平均年龄，并四舍五入不保留小数，完成后将报表对象另存为"任务二"。报表的打印预览效果如图 5-5 所示。

2. 案例操作步骤

（1）删除原有的分组和排序，以"教师编号"前两位编号进行分组，具体操作如下。

① 打开"任务一"报表，并切换视图到"布局视图"。

② 在"分组、排序和汇总"操作区中，单击以"性别"字段进行分组的操作栏右侧的删除按钮"×"，如图 5-6 所示。

视频 5-2
计算控件的使用

教师编号	年龄	姓名	性别	政治面目	学历	职称	系别	电话号码
95								
95013	30	李历宁	男	党员	大学本科	讲师	经济	010- 65976453
95012	56	李小平	男	党员	研究生	讲师	经济	010- 65976452
95011	36	赵希明	女	群众	研究生	副教授	经济	010- 65976451
95010	50	张乐	女	团员	大学本科	副教授	经济	010- 65976444
平均年龄:	43							
96								
96014	62	苑平	女	党员	研究生	教授	数学	010- 65976545
96013	50	李燕	女	群众	大学本科	讲师	数学	010- 65976544
96012	36	邵林丽	女	群众	研究生	副教授	数学	010- 65976544
96011	27	张进明	男	团员	大学本科	副教授	经济	010- 65976455
96010	61	张爽	男	群众	大学本科	教授	经济	010- 65976454
平均年龄:	47							

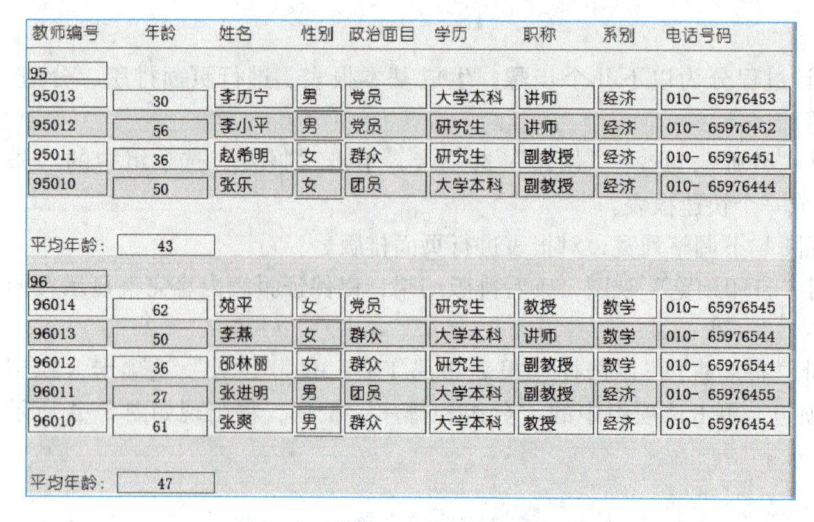

图 5-5 "任务二"(局部)效果图

图 5-6 删除分组操作界面

③ 以相同操作方法,删除"生日"字段的排序操作。

④ 将"性别"字段从最左侧调整回原来的位置(在"姓名"和"生日"之间)。按住鼠标左键,拖曳"页面页眉"节的"性别"标签到相应位置,以同样操作方法将"主体"节中的"性别"字段值拖曳到相应位置。

⑤ 单击"分组、排序和汇总"操作区的"添加组"按钮,选择字段"教师编号"。

⑥ 单击操作栏上的"更多"按钮▶,展开更多操作,选择"按整个值"下拉列表中的"按前两个字符"选项。

(2) 建立年龄字段,具体操作如下。

① 修改标签。在"布局视图"下,找到"页面页眉"节中的"生日"标签,修改标签标题为"年龄"。

② 单击选定"主体"节中"生日"字段值,按 Delete 键删除。

③ 切换视图到"设计视图",选择"报表设计工具"的"设计"选项卡,再选择"控件"选项组中的"文本框"控件。

④ 在"主体"节中相应的位置,拖曳鼠标以添加一个文本框控件,并删除文本框附属的标签控件。

⑤ 在文本框中输入公式"=year(date())-year([生日])"。

⑥ 切换视图到"报表视图"查看效果。

(3) 完成分组统计平均年龄,具体操作如下。

① 切换视图到"设计视图",单击"分组、排序和汇总"操作区中"教师编号"分组操作栏上的"更多"按钮▶,展开更多操作,修改"无页脚节"为"有页脚节"。

② 选择"报表设计工具"的"设计"选项卡，再选择"控件"选项组中的"文本框"控件。

③ 在"教师编号页脚"节中的合适位置，拖曳鼠标以添加一个文本框控件。

④ 将文本框控件附属的标签控件标题更改为"平均年龄"，在文本框中输入公式"=Avg(year(date())-year([生日]))"。

⑤ 对平均年龄设置四舍五入不保留小数。有以下两种操作方法。

 a. 修改公式为"=Round(Avg(year(date())-year([生日])),0)"。

 b. 对该文本框设置属性。选择"报表设计工具"的"设计"选项卡，再选择"工具"选项组中的"属性表"，在弹出的"属性表"对话框中选择"格式"选项卡，修改"格式"为"固定"或"标准"，修改"小数位数"为0。

⑥ 切换视图到"布局视图"查看效果，调整文本框的大小和位置，以达到更美观的效果。

⑦ 将报表对象另存为"任务二"。

5.3 本章小结

本章主要学习了报表的概念和功能、报表的创建和报表的设计等知识点，重点掌握以下几个内容。

① 理解报表的概念和功能。报表对象可以将数据库中的数据以格式化形式输出，并且可以对数据进行分组和统计计算等。

② 用"报表"、"报表设计"和"空报表"等工具创建报表，以及对已有的报表进行编辑和修改。

③ 报表排序和分组。在报表设计时，掌握将报表中的输出数据按照指定的字段或字段表达式进行排序、分组和汇总。

④ 报表中使用计算控件。在报表设计时，掌握在报表中添加计算控件，实现报表的数据统计。

5.4 习题

说明：请在数据库文件"rpt_exec.accdb"中完成以下习题操作。

1. 创建报表

① 以查询"qline"为数据源，使用"报表向导"创建报表。以"表格"布局依次显示"团队ID"、"线路ID"、"导游姓名"、"出发时间"、"线路名"、"天数"和"费用"字段的值，按"出发时间"升序排列，生成的报表名称为"rline"。完成后的报表视图效果如图 5-7 所示。

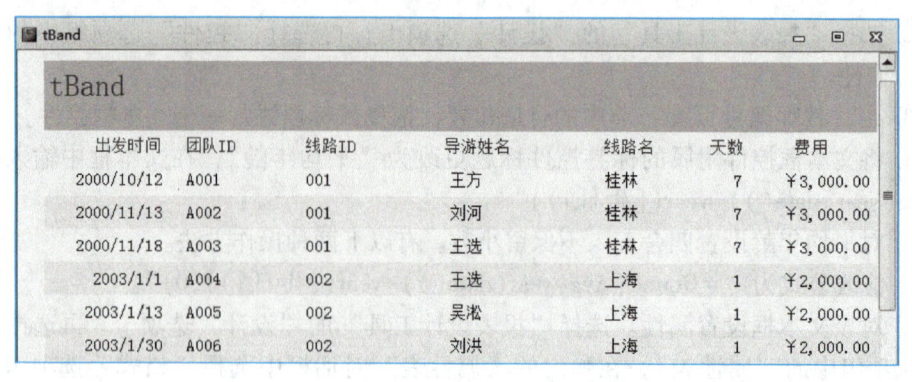

图 5-7 "rline"部分数据"报表视图"效果

② 在报表"rEmp"的"报表页眉"节添加一个标签控件,名称为"bT",标题为"职工信息表",字体为"方正姚体"、26 磅、加粗,颜色为自定义 RGB(10,10,200)。

③ 在报表"rEmp"的"报表页眉"节右侧添加两个文本框控件,附加标签显示"制表日期:"和"时间:",文本框内容分别显示系统日期和时间。

④ 在报表"rEmp"的"主体"节添加一个文本框控件,显示"性别"字段值,删除其附属标签,该控件与其他文本框控件靠上对齐,字体大小一致。

⑤ 在报表"rEmp"的"页面页脚"节添加一个文本框控件用以输出页码,页码格式为"第 N 页/共 M 页",其中 N 值表示页码,M 值表示页数(例如,第 2 页/共 5 页)。

报表"rEmp"完成后第一页数据在"打印预览"视图下的显示效果如图 5-8 所示。

图 5-8 "rEmp"第一页"打印预览"视图效果

2. 报表排序和分组

① 将报表"tEmployee1"中的数据按"性别"升序排列,性别相同情况下按"年龄"降序排列。排序后部分数据在"报表视图"下的显示效果如图 5-9 所示。

GH03000021	李力国	男	20	职员	人力部	1999/10/5
GH01000007	王建钢	男	19	职员	生产部	2000/1/5
GH02000020	王国强	男	18	职员	开发部	2001/9/8
GH03000057	李三	女	58	职员	人力部	1989/9/2
GH03000046	赵玉	女	56	职员	人力部	1978/9/2
GH04000048	杜丽	女	55	经理	财务部	1956/9/3

图 5-9 "tEmployee1"部分数据"报表视图"效果

② 将报表"tEmployee2"中的数据按"部门名称"进行分组,同一部门的员工记录再按"职务"分组显示,在相应的组页眉节添加文本框控件显示"部门名称"和"职务",并适当调整组页眉节的高度,让报表布局更加美观。分组后部分数据在"报表视图"下的显示效果如图 5-10 所示。

编号	姓名	性别	年龄	职务	部门名称	聘用时间
财务部						
经理						
GH04000023	李中青	男	39	经理	财务部	1989/5/28
GH04000048	杜丽	女	55	经理	财务部	1956/9/3
职员						
GH04000029	张小婉	女	28	职员	财务部	1996/9/5
GH04000002	张三	女	23	职员	财务部	1998/2/6
GH04000008	璐娜	女	19	职员	财务部	2001/2/14

图 5-10 "tEmployee2"部分数据"报表视图"效果

3. 报表统计计算

① 在报表"tEmployee3"的"主体"节添加一个计算控件用于计算输出每个员工的工龄,且与标题"工龄"垂直对齐。

② 报表"tEmployee3"中"编号"的第 3、4 位表示员工所在的部门编号,按部门编号进行分组,在"组页眉"节显示相应的部门编号和部门名称,格式为:"部门:"+部门编号+部门名称(例如,部门:03 人力部);在"组页脚"节统计显示各个部门的员工人数以及占员工总人数的百分比(百分比格式,保留两位小数),附属标签应给予文字说明。

③ 在"报表页脚"节添加一个计算控件,计算显示所有员工的平均年龄,四舍五入,不保留小数位(用 Round 函数实现),显示格式为:平均年龄值+"岁"(例如,35 岁),附属标签显示"员工平均年龄:",并将报表页脚节的高度设置为两厘米。

报表"tEmployee3"完成后的显示效果如图 5-11 和图 5-12 所示。

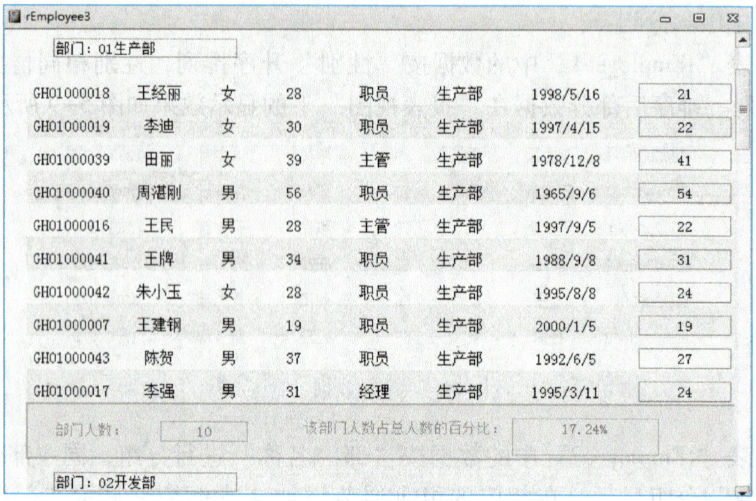

rEmployee3

部门：01生产部

GH01000018	王经丽	女	28	职员	生产部	1998/5/16	21
GH01000019	李迪	女	30	职员	生产部	1997/4/15	22
GH01000039	田丽	女	39	主管	生产部	1978/12/8	41
GH01000040	周湛刚	男	56	职员	生产部	1965/9/6	54
GH01000016	王民	男	28	主管	生产部	1997/9/5	22
GH01000041	王牌	男	34	职员	生产部	1988/9/8	31
GH01000042	朱小玉	女	28	职员	生产部	1995/8/8	24
GH01000007	王建钢	男	19	职员	生产部	2000/1/5	19
GH01000043	陈贺	男	37	职员	生产部	1992/6/5	27
GH01000017	李强	男	31	经理	生产部	1995/3/11	24

部门人数：10　该部门人数占总人数的百分比：17.24%

部门：02开发部

图 5-11 “tEmployee3”分组统计“报表视图”效果

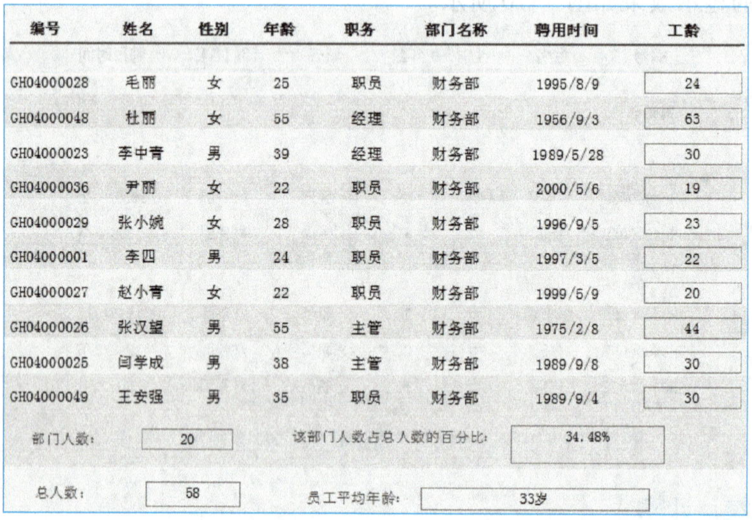

编号	姓名	性别	年龄	职务	部门名称	聘用时间	工龄
GH04000028	毛丽	女	25	职员	财务部	1995/8/9	24
GH04000048	杜丽	女	55	经理	财务部	1956/9/3	63
GH04000023	李中青	男	39	经理	财务部	1989/5/28	30
GH04000036	尹丽	女	22	职员	财务部	2000/5/6	19
GH04000029	张小婉	女	28	职员	财务部	1996/9/5	23
GH04000001	李四	男	24	职员	财务部	1997/3/5	22
GH04000027	赵小青	女	22	职员	财务部	1999/5/9	20
GH04000026	张汉望	男	55	主管	财务部	1975/2/8	44
GH04000025	闫学成	男	38	主管	财务部	1989/9/8	30
GH04000049	王安强	男	35	职员	财务部	1989/9/4	30

部门人数：20　该部门人数占总人数的百分比：34.48%

总人数：58　员工平均年龄：33岁

图 5-12 “tEmployee3”最后一页“打印预览”视图效果

5.5 综合实验

【综合实验 1】数据库文件“rpt_samp1.accdb”中已经设计好表对象“tOrder”、“tDetail”和“tBook”，查询对象“qSell”和报表对象“rSell”，请在此基础上按照以下要求补充“rSell”报表的设计。

① 设置报表数据源，使报表显示“qSell”查询中的数据。

② 设置报表标题栏上显示的文字为“销售情况报表”；在报表页眉处添加一个标签，标签名为“bTitle”，显示文本为“图书销售情况表”，字体名称为“黑体”、颜色

为褐色（褐色代码为“#7A4E2B”）、字号为 20，文字不倾斜。

③ 对报表中名称为“txtMoney”的文本框控件进行设置，使其显示每本书的金额（金额=数量 * 单价）。

④ 在报表适当位置添加一个文本框控件（控件名称为“txtAvg”），计算每本图书的平均单价。

说明：报表适当位置指报表页脚、页面页脚或组页脚。

要求：使用 Round 函数将计算出的平均单价保留两位小数。

⑤ 在报表页脚处添加一个文本框控件（控件名称为“txtIf”），判断所售图书的金额合计，如果金额合计大于 30 000，“txtIf”控件显示“达标”，否则显示“未达标”。

⑥ 在报表的页脚区添加一个计算控件用以输出页码，计算控件放置在距上边 0.3 厘米、距左侧 7 厘米位置，并命名为“tPage”。规定页码显示格式为“当前页/总页数”，如“1/20、2/20、...、20/20”等。

报表“rSell”完成后的显示效果如图 5-13 和图 5-14 所示。

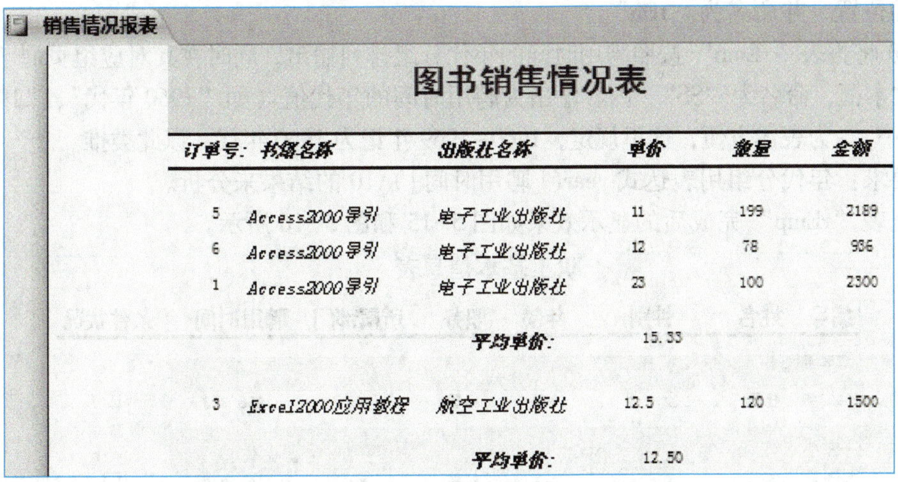

订单号:	书籍名称	出版社名称	单价	数量	金额
5	Access2000导引	电子工业出版社	11	199	2189
6	Access2000导引	电子工业出版社	12	78	936
1	Access2000导引	电子工业出版社	23	100	2300
		平均单价:	15.33		
3	Excel2000应用教程	航空工业出版社	12.5	120	1500
		平均单价:	12.50		

图 5-13　“rSell”第一页“打印预览”视图效果

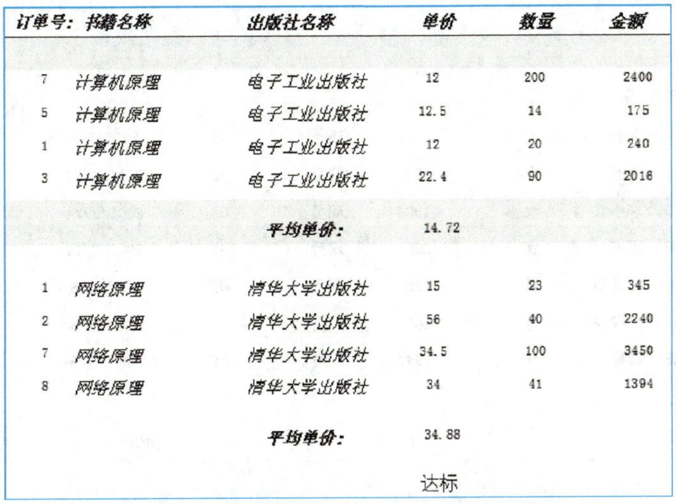

订单号:	书籍名称	出版社名称	单价	数量	金额
7	计算机原理	电子工业出版社	12	200	2400
5	计算机原理	电子工业出版社	12.5	14	175
1	计算机原理	电子工业出版社	12	20	240
3	计算机原理	电子工业出版社	22.4	90	2016
		平均单价:	14.72		
1	网络原理	清华大学出版社	15	23	345
2	网络原理	清华大学出版社	56	40	2240
7	网络原理	清华大学出版社	34.5	100	3450
8	网络原理	清华大学出版社	34	41	1394
		平均单价:	34.88		
			达标		

图 5-14　“rSell”最后一页“打印预览”视图效果

【综合实验 2】数据库文件"rpt_samp2.accdb"中已经设计好表对象"tEmp"和报表对象"rEmp",请在此基础上按照以下要求补充设计。

① 将报表"rEmp"的"报表页眉"节中名为"bTitle"标签控件的标题文本在标签区域居中显示,同时将其放在距上边 0.5 厘米、距左侧 5 厘米处。

② 设置报表"rEmp"主体节中的"tSex"文本框控件,依据报表记录源的"性别"字段值来显示信息:性别为 1,显示"男";性别为 2,显示"女"。

③ 设置报表"rEmp"主体节中的"tOpt"复选框控件,依据报表记录源的"性别"字段和"年龄"字段的值来显示状态信息:性别为"男"且年龄小于 25 岁时显示为选中的打钩状态,否则显示为未选中的空白状态。

④ 将报表"rEmp"主体节中的"tAge"文本框控件改名为"tYear",同时依据报表记录源的"年龄"字段值计算并显示其 4 位的出生年信息。

⑤ 在报表的页面页脚节添加一个计算控件,显示系统年月,显示格式为"××××年××月"(注意:不允许使用格式属性)。计算控件放置在距上边 0.3 厘米、距左边 10.5 厘米的位置,并命名为"tDa"。

⑥ 将报表"rEmp"按照聘用时间的年代分组排列输出,同时在其对应组页眉节添加一个文本框,命名为"SS",内容输出为聘用时间的年代值(如"1960 年代"、"1970 年代"、…)。为表述方便,这里规定,1960~1969 年记为 1960 年代,以此类推。

要求:年代分组用表达式 year([聘用时间])\10 的结果来分析。

报表"rEmp"完成后的显示效果如图 5-15 和图 5-16 所示。

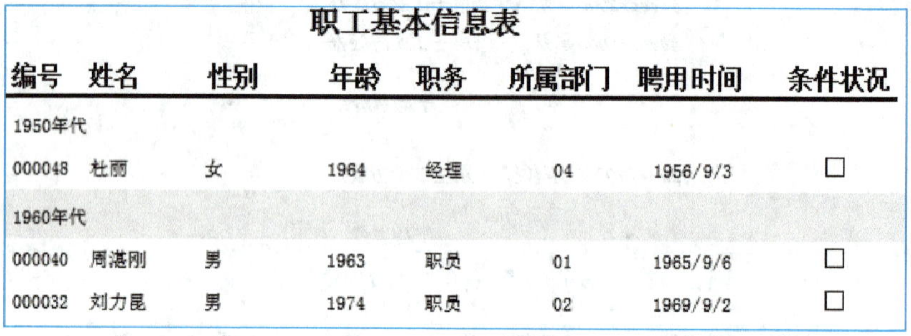

职工基本信息表							
编号	姓名	性别	年龄	职务	所属部门	聘用时间	条件状况
1950年代							
000048	杜丽	女	1964	经理	04	1956/9/3	☐
1960年代							
000040	周湛刚	男	1963	职员	01	1965/9/6	☐
000032	刘力昆	男	1974	职员	02	1969/9/2	☐

图 5-15 "rEmp"第一页"打印预览"视图效果

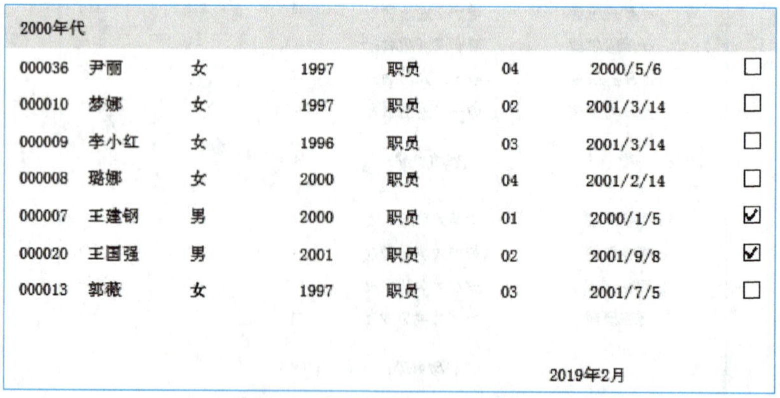

2000年代							
000036	尹丽	女	1997	职员	04	2000/5/6	☐
000010	梦娜	女	1997	职员	02	2001/3/14	☐
000009	李小红	女	1996	职员	03	2001/3/14	☐
000008	璐娜	女	2000	职员	04	2001/2/14	☐
000007	王建钢	男	2000	职员	01	2000/1/5	☑
000020	王国强	男	2001	职员	02	2001/9/8	☑
000013	郭薇	女	1997	职员	03	2001/7/5	☐

2019年2月

图 5-16 "rEmp"最后一页"打印预览"视图效果

第 6 章
宏

本章素材

宏操作，简称"宏"，是 Access 中主要的对象之一，是一种功能强大的工具。通过宏能够自动执行重复任务，使用户方便而快捷地操纵 Access 数据库系统。

本章案例、
习题及综合实验
参考答案

6.1 知识梳理

本章首先介绍宏的基本概念，接着介绍宏操作的设置、常用的宏操作及功能说明，重点介绍独立的宏的创建、运用 If 宏操作实现流程控制，以及运行宏常用的 4 种方法。

6.1.1 宏的基本概念

宏是由一个或多个操作构成的集合，其中每个操作均能够实现特定的功能。宏可以包含在宏对象（独立宏）中，也可以嵌入到窗体或报表的控件对应的事件属性中。

宏中包含的每个操作都有系统提供的名称，用户可以根据需要选择相应的操作命令，在运行时按照先后顺序执行。如果设计了条件宏，则操作会根据对应设置的条件决定能否执行。

1. 设置宏操作

Access 2010 中提供的宏操作都有对应的参数，可以按照需要进行设置。宏设计窗口如图 6-1 所示。在宏设计过程中，添加新操作可以从"添加新操作"下拉列表中选择，也可以通过双击"操作目录"窗口中对应的操作或将其拖曳到设计区。

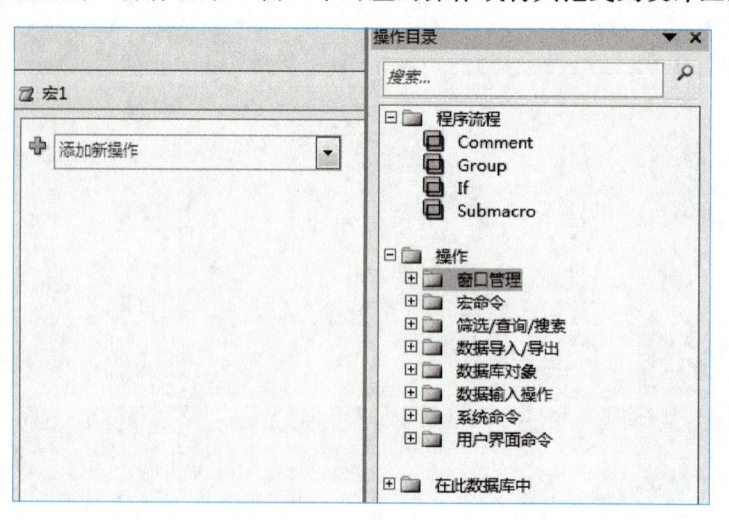

图 6-1　宏设计窗口

2. 常用的宏操作及功能说明

① OpenTable：在"数据表视图"、"设计视图"或"打印预览"等视图中打开表，还可以选择表的数据模式。

② OpenQuery：在"数据表视图"、"设计视图"或"打印预览"等视图中打开查询，还可以选择查询的数据模式。

③ OpenForm：在"窗体视图"、"设计视图"或"打印预览"等视图中打开窗体，还可以选择窗体的数据模式以及窗口模式等。

④ OpenReport：在"报表视图"、"设计视图"或"打印预览"等视图中打开报表，还可以选择报表的窗口模式。

⑤ CloseWindow：关闭指定的窗口，如果没有指定，则关闭活动窗口。

⑥ CloseDatabase：关闭当前数据库。

⑦ MessageBox：显示包含警告信息或其他信息的消息框，并可以设置是否在显示信息的同时发出"嘟嘟"声。

⑧ RunMacro：运行宏。

⑨ SetValue：为窗体、窗体数据表或报表上的控件、字段或属性设置值。

6.1.2 建立宏

1. 创建独立的宏

独立的宏对象将显示在数据库导航窗格的"宏"对象列表中。如果需要在应用程序的很多位置重复使用宏，建立独立的宏将便于调用。

运行宏是按照宏名进行调用。命名为 AutoExec 的宏在打开该数据库时会自动运行，若要取消自动运行，打开数据库时按住 Shift 键即可。

2. 条件

If 宏操作类似于 VBA 的流程控制，仅当条件表达式的值为 True 时，才执行此块内容的操作，还可以添加 Else 和 Else If 块来扩展 If 块。

在输入条件表达式时，可能会引用窗体或报表的相关控件值，可以使用如下格式。

① 引用窗体：Forms![窗体名]。

② 引用窗体属性：Forms![窗体名].属性。

③ 引用窗体控件：Forms![窗体名]![控件名]或[Forms]![窗体名]![控件名]。

④ 引用窗体控件属性：Forms![窗体名]![控件名].属性。

⑤ 引用报表：Reports![报表名]。

⑥ 引用报表属性：Reports![报表名].属性。

⑦ 引用报表控件：Reports![报表名]![控件名]或[Reports]![报表名]![控件名]。

⑧ 引用报表控件属性：Reports![报表名]![控件名].属性。

3. 运行宏

运行宏的方法有多种，常用的 4 种方法如下。

① 在宏设计窗口中，单击"工具"选项组中的" "按钮。

② 在数据库导航窗格的"宏"列表中，双击对应的宏名，即可运行宏。

③ 在另外一个宏中，使用 RunMacro 或 OnError 宏操作调用宏。

④ 在窗体或报表中，设置控件的事件属性时可以直接选择宏对象名，或使用宏生成器嵌入宏操作，这样在运行窗体或报表时，触发相应事件，就会自动运行宏。

6.2 典型案例

【案例1】创建独立宏

1. 案例描述

创建一个独立宏，宏名为"macro_1"。宏运行时，先打开"学生成绩报表"，再打开"输入教师基本信息"窗体，接着分别关闭窗体和报表，并在关闭前弹出消息框提示，最后使用多种方式运行该宏。

视频 6-1
创建独立宏和运行宏

2. 案例操作步骤

① 选择"创建"选项卡，再单击"宏与代码"选项组中的"宏"命令。

② 保存宏名为"macro_1"。

③ 将数据库导航窗格中"报表"列表下的"学生成绩报表"拖曳到设计区，也可以在"添加新操作"下拉列表中选择 OpenReport 操作命令，并指定报表名称，或者从"操作目录"窗口中"数据库对象"下找到 OpenReport，双击或拖曳到设计区，再指定报表名称。

④ 将数据库导航窗格中"窗体"列表下的"输入教师基本信息"拖曳到设计区，也可以在"添加新操作"下拉列表中选择 OpenForm 操作命令，并指定窗体名称，或者从"操作目录"窗口中"数据库对象"下找到 OpenForm，双击或拖曳到设计区，再指定窗体名称。

⑤ 在"添加新操作"下拉列表中选择 MessageBox 操作命令，或者从"操作目录"窗口中"用户界面命令"下找到 MessageBox，双击或拖曳到设计区，再设置参数"消息"为"请关闭窗体，谢谢！"。

⑥ 在"添加新操作"下拉列表中选择 CloseWindow 操作命令，或者从"操作目录"窗口中"窗口管理"下找到 CloseWindow，双击或拖曳到设计区。可以设置参数"对象类型"为"窗体"，"对象名称"为"输入教师基本信息"，也可以省略参数设置操作，默认关闭当前活动窗口，即"输入教师基本信息"窗体。

⑦ 在"添加新操作"下拉列表中选择 MessageBox 操作命令，或者从"操作目录"窗口中"用户界面命令"下找到 MessageBox，双击或拖曳到设计区，再设置参数"消息"为"请关闭报表，谢谢！"。

⑧ 在"添加新操作"下拉列表中选择 CloseWindow 操作命令，或者从"操作目录"窗口中"窗口管理"下找到 CloseWindow，双击或拖曳到设计区。可以设置参数"对象类型"为"报表"，"对象名称"为"学生成绩报表"，也可以省略参数设置操作，默认关闭当前活动窗口，即"学生成绩报表"。

⑨ 保存宏对象，选择"宏工具"的"设计"选项卡，再选择"工具"选项组中的"！"选项，查看操作结果。先打开"学生成绩报表"和"输入教师基本信息"窗体，接着弹出关闭窗体的消息框，如图6-2所示。单击"确定"按钮后，关闭"输入教师

基本信息"窗体，再弹出关闭报表的消息框，如图 6-3 所示。单击"确定"按钮后，关闭"学生成绩报表"。

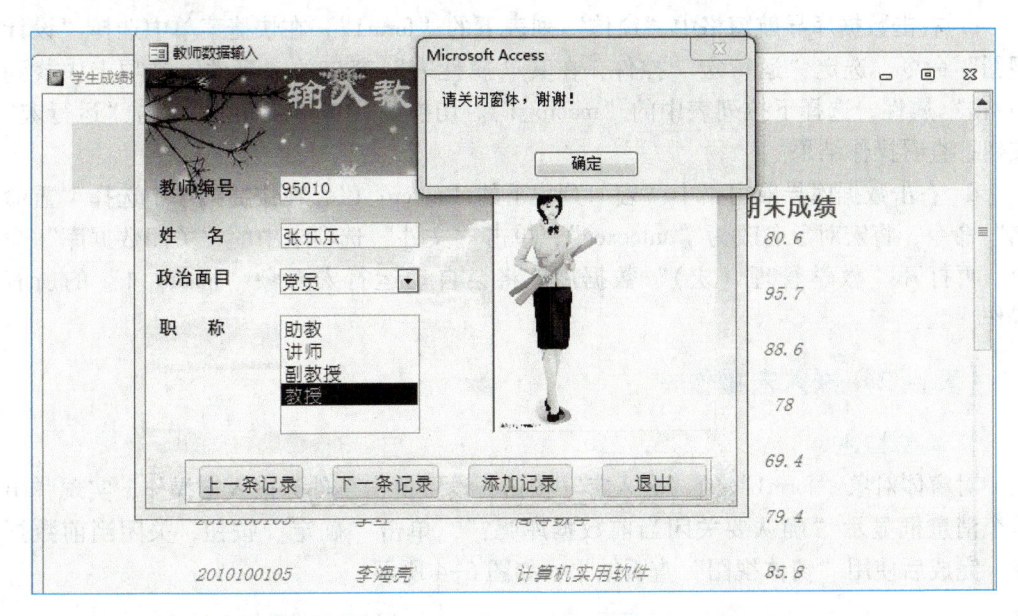

图 6-2 宏对象"macro_1"初步运行结果

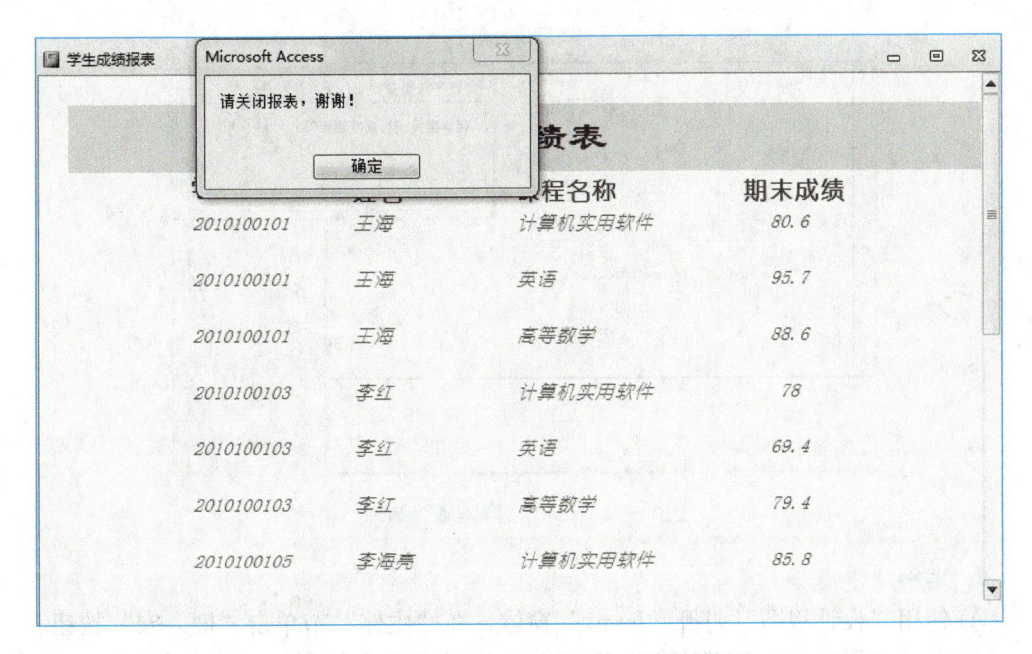

图 6-3 宏对象"macro_1"下一次运行结果

⑩ 运行宏"macro_1"还可以通过以下几种方式。

a. 直接双击数据库导航窗格中"宏"列表下的"macro_1"，实现宏的运行。

b. 选择"创建"选项卡，再选择"宏与代码"选项组中的"宏"选项，新建一个宏，在"添加新操作"下拉列表中选择 RunMacro 操作命令，或者从"操作目录"窗口中"宏命令"下找到 RunMacro，双击或拖曳到设计区。设置参数"宏名称"为"macro_1"，保存新建的宏，并单击"工具"选项组中的"！"按钮，查看操作结果。

c. 右击数据库导航窗格中"窗体"列表下的"form1"，在快捷菜单中选择"设计视图"命令，选定"运行宏"控件，在其"属性表"窗口的"事件"选项卡中找到"单击"属性，选择下拉列表中的"macro_1"。切换到"窗体视图"，单击"运行宏"按钮，查看操作结果。

d. 右击数据库导航窗格中"宏"列表下的"macro_1"，在快捷菜单中选择"重命名"命令，将宏对象名改为"autoexec"，单击"文件"选项卡中的"关闭数据库"命令，再打开"教学管理（宏）"数据库，将会自动运行宏对象"macro_1"的所有操作。

【案例 2】 嵌入宏操作一

1. 案例描述

对窗体对象"form1"的"嵌入宏"按钮，设置单击事件为嵌入宏操作，实现弹出一个消息框显示"确认要关闭当前数据库吗？"，单击"确定"按钮，关闭当前数据库。完成后使用"窗体视图"查看结果，如图 6-4 所示。

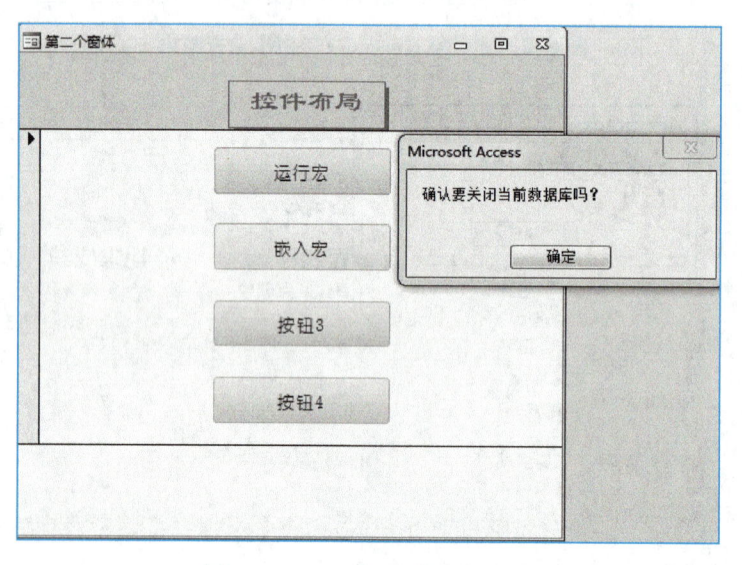

图 6-4 "form1"窗体运行结果

2. 案例操作步骤

① 使用"设计视图"打开"form1"窗体，在"主体"节单击"嵌入宏"按钮。

② 在其"属性表"的"事件"选项卡中找到"单击"属性，单击右侧的"生成器"按钮，在"选择生成器"对话框中选择"宏生成器"。

③ 在宏设计窗口中，从"添加新操作"下拉列表中选择 MessageBox 操作命令，或者从"操作目录"窗口中"用户界面命令"下找到 MessageBox，双击或拖曳到设计区，再设置参数"消息"为"确认要关闭当前数据库吗？"。

④ 在宏设计窗口中，从"添加新操作"下拉列表中选择 CloseDatabase 操作命令，

或者从"操作目录"窗口中"系统命令"下找到 CloseDatabase，双击或拖曳到设计区。

⑤ 选择"宏工具"的"设计"选项卡，再单击"关闭"选项组中的"保存"按钮，单击"关闭"按钮，回到窗体，可以观察到"嵌入宏"控件的"单击"事件属性栏被设置为"［嵌入的宏］"。

⑥ 切换视图到"窗体视图"，单击"嵌入宏"按钮，查看运行效果如图 6-4 所示。

【案例 3】嵌入宏操作二

1. 案例描述

对窗体对象"form1"的"按钮 3"按钮，设置单击事件为嵌入宏操作，实现修改"按钮 4"按钮的标题为"欢迎"。

2. 案例操作步骤

① 使用"设计视图"打开"form1"窗体，在"主体"节单击"按钮 3"按钮。

② 在其"属性表"窗口的"事件"选项卡中找到"单击"属性，单击右侧的"生成器"按钮，在"选择生成器"对话框中选择"宏生成器"。

③ 在宏设计窗口中，单击"显示/隐藏"选项组中的"显示所有操作"按钮，在"操作目录"窗口中"数据库对象"下找到 SetValue，双击或拖曳到设计区，再设置参数"项目＝"为"［Forms］!［form1］!［bt4］.［Caption］"，设置参数"表达式＝"为"欢迎"。

④ 选择"宏工具"的"设计"选项卡，再单击"关闭"选项组中的"保存"按钮，单击"关闭"按钮，回到窗体。

⑤ 切换到"窗体视图"，单击"按钮 3"按钮，查看"按钮 4"按钮的标题变化效果。

【案例 4】条件宏操作一

视频 6-3
条件宏

1. 案例描述

对窗体对象"form2"中的"判断（是否及格）"按钮，设置单击事件，实现根据 T1 文本框输入的值进行条件判断。如果 T1 文本框的值大于或等于 60，单击按钮将弹出对话框显示"及格"，否则弹出对话框显示"不及格"。并要求对话框显示标题及信息图标的设置如图 6-5 和图 6-6 所示。

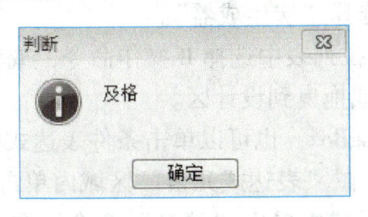

图 6-5　显示"及格"的对话框　　图 6-6　显示"不及格"的对话框

2. 案例操作步骤

① 使用"设计视图"打开"form2"窗体，在"主体"节单击"判断（是否及格）"按钮。

② 在其"属性表"窗口的"事件"选项卡中找到"单击"属性，单击右侧的"生成器"按钮，在"选择生成器"对话框中选择"宏生成器"。

③ 在宏设计窗口中，从"添加新操作"下拉列表中选择 If 操作命令，或者从"操作目录"窗口中"程序流程"下找到 If，双击或拖曳到设计区，再设置条件表达式为"T1>=60"，这里字母"T"不区分大小写。

④ 在 Then 之后的"添加新操作"下拉列表中选择 MessageBox 操作命令，或者从"操作目录"窗口中"用户界面命令"下找到 MessageBox，双击或拖曳到设计区，再设置参数"消息"为"及格"，参数"类型"为"信息"，参数"标题"为"判断"。

⑤ 单击下方的"添加 Else"命令，在出现的"添加新操作"下拉列表中选择 MessageBox 操作命令，或者从"操作目录"窗口中"用户界面命令"下找到 MessageBox，双击或拖曳到设计区，再设置参数"消息"为"不及格"，参数"类型"为"信息"，参数"标题"为"判断"。

⑥ 选择"宏工具"的"设计"选项卡，再单击"关闭"选项组中的"保存"按钮，最后单击"关闭"按钮，回到窗体。

⑦ 切换视图到"窗体视图"，先在"成绩值:"对应的文本框中输入成绩，再单击"判断（是否及格）"按钮，查看运行效果。

【案例 5】条件宏操作二

1. 案例描述

对窗体对象"form3"中的"打开教师报表"按钮，设置单击事件，首先弹出一个如图 6-7 所示的对话框。如果单击"是（Y）"按钮，则打开"教师报表"，单击"否（N）"按钮，则关闭"form3"窗体。并要求对话框显示标题及警告图标如图 6-7 所示。

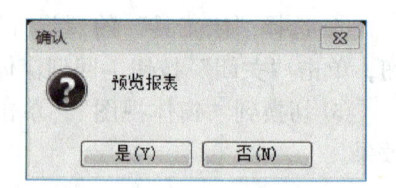

图 6-7　是否预览报表

2. 案例操作步骤

① 使用"设计视图"打开"form3"窗体，在"主体"节单击"打开教师报表"按钮。

② 在其"属性表"窗口的"事件"选项卡中找到"单击"属性，单击右侧的"生成器"按钮，在"选择生成器"对话框中选择"宏生成器"。

③ 在宏设计窗口中，从"添加新操作"下拉列表中选择 If 操作命令，或者从"操作目录"窗口中"程序流程"下找到 If，双击或拖曳到设计区。

④ 设置条件表达式，可以直接输入函数 MsgBox，也可以单击条件表达式栏右侧的" "按钮，将弹出"表示式生成器"对话框，在"表达式元素"区域内单击"函数"中的"内置函数"命令，在"表达式类别"区域内单击"消息"命令，在"表达式值"区域内双击 MsgBox。

⑤ 设置函数表达式为"MsgBox("预览报表",4+32,"确认")=6"，其中数字 4 表示对话框的按钮为"是（Y）"或"否（N）"，数字 32 表示警告图标"?"，数字 6 表示条件表达式值为真，也就是选择了"是（Y）"按钮。

⑥ 在下一行的"添加新操作"下拉列表中选择 OpenReport 操作命令，或者从"操作目录"窗口中"数据库对象"下找到 OpenReport，双击或拖曳到设计区，再设置参数"报表名称"为"教师报表"。

⑦ 单击下方的"添加 Else"命令，在出现的"添加新操作"下拉列表中选择 CloseWindow 操作命令，或者从"操作目录"窗口中"窗口管理"下找到 CloseWindow，双击或拖曳到设计区。

⑧ 选择"宏工具"的"设计"选项卡，再单击"关闭"选项组中的"保存"按钮，最后单击"关闭"按钮，回到窗体。

⑨ 切换到"窗体视图"，单击"打开教师报表"按钮，查看运行效果。

6.3 本章小结

本章主要学习了宏的基本概念、宏的参数设置、宏的创建和运行方法、"嵌入宏"在窗体或报表中的运用以及通过"条件宏"实现流程控制，重点掌握以下几个内容。

① 理解宏的基本概念。宏是由一个或多个操作构成的集合，其中每个操作均能够实现特定的功能。

② 掌握常用的宏操作。常用的宏操作主要有 OpenTable、OpenQuery、OpenForm、OpenReport、CloseWindow、CloseDatabase、MessageBox、RunMacro 和 SetValue 等。

③ 创建独立的宏。掌握创建独立的宏的方法，保存后的独立宏将显示在数据库导航窗格中的"宏"列表中，可以使用多种方法运行和调试宏。

④ "嵌入宏"在窗体或报表中的运用。掌握在窗体或报表设计时，为控件对象的事件设置嵌入的宏，通过事件触发宏以实现特定的功能。

⑤ 通过"条件宏"实现流程控制。掌握 If 宏操作，通过在 If 块中输入条件表达式，实现流程控制及特定的功能。

6.4 习题

说明：请在数据库文件"mac_exec.accdb"中完成以下习题操作。

1. 独立宏

① 创建独立宏，宏名称为"Macro1"。该宏依次执行以下操作命令：第一条操作命令打开窗体"fEmployee"，第二条操作命令将打开的窗体最大化，第三条操作命令将弹出一个消息框显示消息"这是一个操作序列的独立宏！"。运行宏的显示效果如图 6-8 所示。

② 创建独立宏，宏名称为"Macro2"。该宏操作过程是先弹出一个对话框，判断"是否要打开报表"，当单击"确定"按钮，将打开报表"rEmployee"；当单击"取

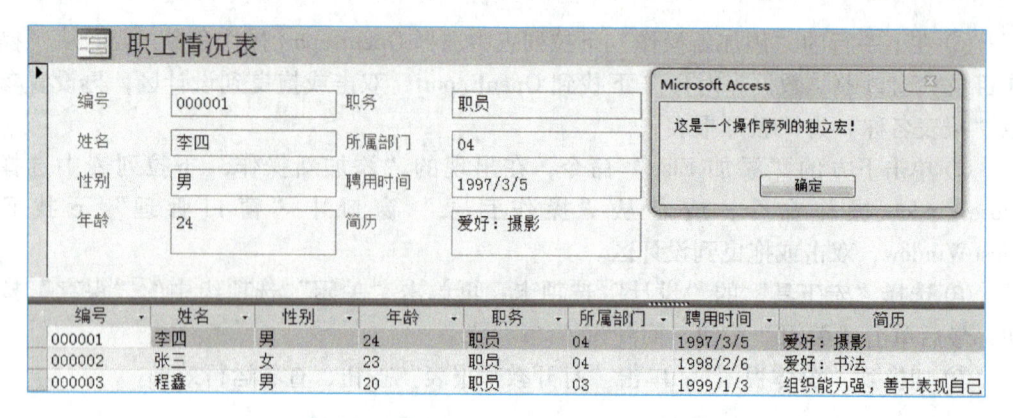

图 6-8　运行宏"Macro1"的显示效果

消"按钮,将打开查询"各部门男女职工的平均年龄",同时发出"嘟嘟"声。要求对话框显示标题及警告图标如图 6-9 所示。

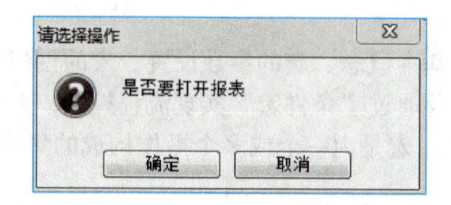

图 6-9　运行宏"Macro2"的显示效果

③ 将宏对象"mTest"重命名为可自动运行的宏。

2. 嵌入宏,通过事件触发宏

窗体"嵌入宏"中包含文本框"txt1"、按钮"cmd1"和按钮"cmd2"3 个对象。设置按钮"cmd1"的单击事件为嵌入的宏,宏操作实现:当运行该窗体时,单击标题为"欢迎"的按钮,将根据系统时间所在的小时范围(小于 12、大等于 12 并且小于 18、大等于 18),通过 setproperty 宏操作命令使得文本框"txt1"显示相应的内容"早上好,欢迎光临!"、"下午好,欢迎光临!"或"晚上好,欢迎光临!";按钮"cmd2"的单击事件属性设置为宏对象"close"。以系统时间是晚上为例,运行窗体"嵌入宏",单击"欢迎"按钮后的显示效果如图 6-10 所示。

图 6-10　窗体"嵌入宏"的显示效果

3. 数据宏

为"tEmployee"表创建一个"更改前"的数据宏,用于限制更改输入的"年龄"字段值必须大于或等于 20 岁;如果在"tEmployee"表中更改输入的"年龄"字段值小于 20 岁,将显示出错消息"年龄不得小于 20 岁!"。

6.5 综合实验

【综合实验】数据库文件"mac_samp.accdb"中已经设计了表对象"tEmp"、查询对象"qT1"、窗体对象"fEmp"、报表对象"rEmp"和宏对象"macro"与"mEmp"。请按以下要求补充设计操作。

① 设置窗体对象"fEmp"主体节 3 个命令按钮的 Tab 键索引顺序为:"报表输出"按钮(名称为"bt1")→"cmd"按钮(名称为"bt2")→"退出"按钮(名称为"cmd3")。

② 调整窗体对象"fEmp"上按钮"bt2"的大小和位置,要求大小与按钮"bt1"一致,且上边对齐"bt1"按钮,左边距离"bt1"按钮 1 厘米(即"bt2"按钮的左边距离"bt1"按钮的右边 1 厘米);调整按钮"cmd3"的大小和位置,要求大小与"bt2"一致,将其移至按钮"bt2"的正下方,上边距离"bt2" 1 厘米。

③ 单击"报表输出"按钮(名为"bt1"),将执行如下宏操作:先弹出一个"确认"对话框,如图 6-11 所示,如果单击"是(Y)"按钮,打开报表"rEmp";单击"否(N)"按钮打开表"tEmp",并弹出对话框显示信息"这是新立公司的员工信息表!",如图 6-12 所示。

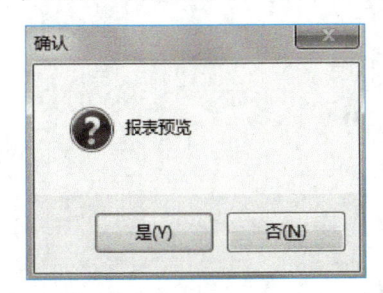

图 6-11 "确认"对话框   图 6-12 信息对话框

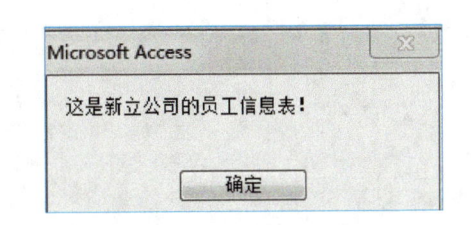

④ 将宏对象"macro"改名为"mCount"。

⑤ 设置按钮"bt2"的标题为"员工人数",单击该按钮,运行已建立的宏对象"mCount",从而实现以"打印预览"视图方式查看查询"qT1"的结果。

⑥ 单击"cmd3"按钮,运行已建立的宏对象"mEmp",从而实现关闭窗体"fEmp"。

第 7 章
VBA 编程基础

本章素材

Access 是面向对象的数据库管理系统,它支持面向对象的程序开发技术。VBA(Visual Basic for Applications)语言是 Access 开发的应用程序的核心,通过编写 Visual Basic 程序,用户可以编写出复杂的、运行效率更高的数据库应用程序。

本章案例、
习题及综合实验
参考答案

7.1 知识梳理

本章首先介绍 VBA 编程环境和 Access 数据库管理系统的模块类型，然后介绍 VBA 程序设计的基础知识，接着重点介绍使用单分支、双分支、多分支以及循环语句编写模块过程，最后介绍 VBA 的常用操作。

7.1.1 VBA 的编程环境

打开 Visual Basic 编辑器的方法，主要有以下 3 种。

1. 直接进入 VBA

在已打开的数据库文件中，选择"创建"选项卡，然后在"宏与代码"选项组中单击 Visual Basic 按钮，如图 7-1 所示。还可以通过选择"数据库工具"选项卡，然后在"宏"选项组中单击 Visual Basic 按钮，如图 7-2 所示，之后直接进入 VBA 编程环境，如图 7-3 所示。

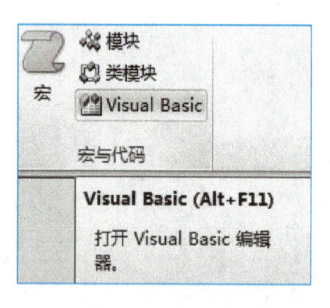

图 7-1 "宏与代码"选项组　　图 7-2 "宏"选项组

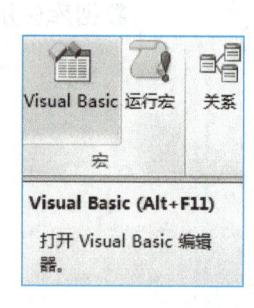

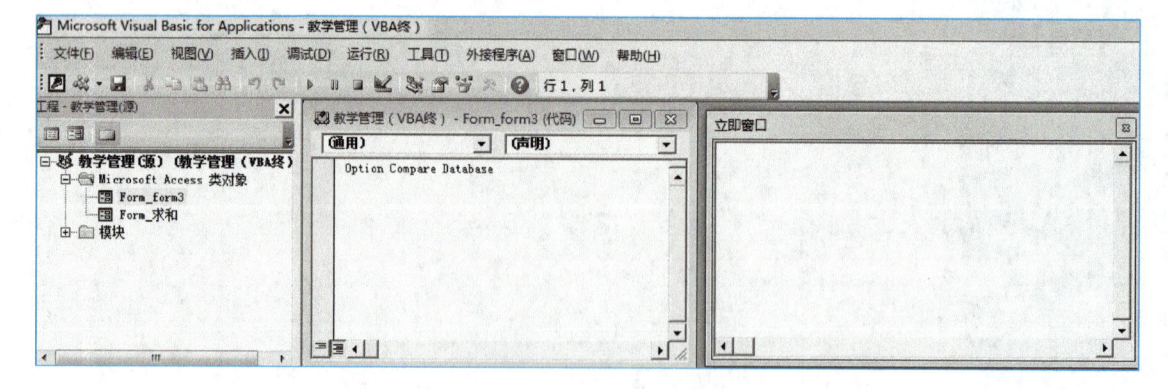

图 7-3 直接进入的 VBA 编程环境

2. 创建模块进入 VBA

在已打开的数据库文件中，选择"创建"选项卡，然后在"宏与代码"选项组中单击"模块"按钮，进入如图 7-4 所示的 VBA 编程环境。

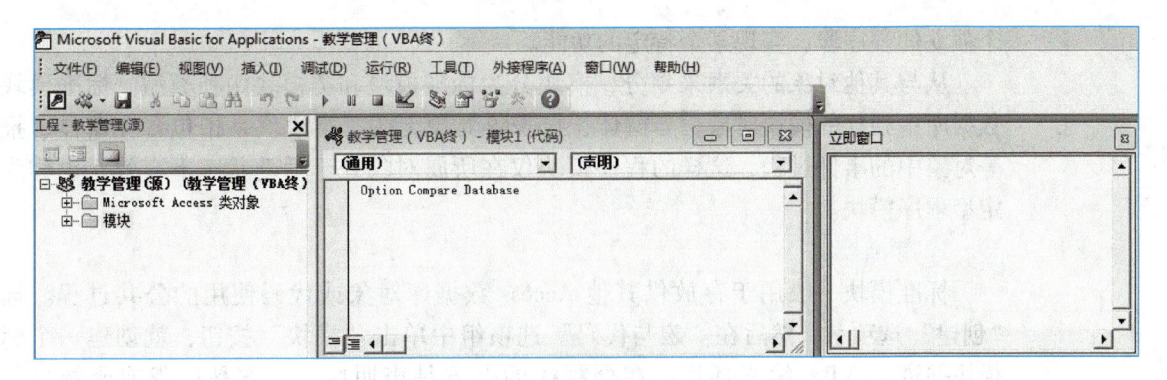

图 7-4　创建模块进入的 VBA 编程环境

3. 通过窗体或报表控件的事件响应进入 VBA

打开窗体或报表对象后，选定控件，在其"属性表"对话框中，单击"事件"选项卡对应事件栏右侧的"…"按钮，如图 7-5 所示。弹出"选择生成器"对话框后，再单击其中的"代码生成器"命令，如图 7-6 所示。单击"确定"按钮后，进入 VBA 编程环境，如图 7-7 所示。

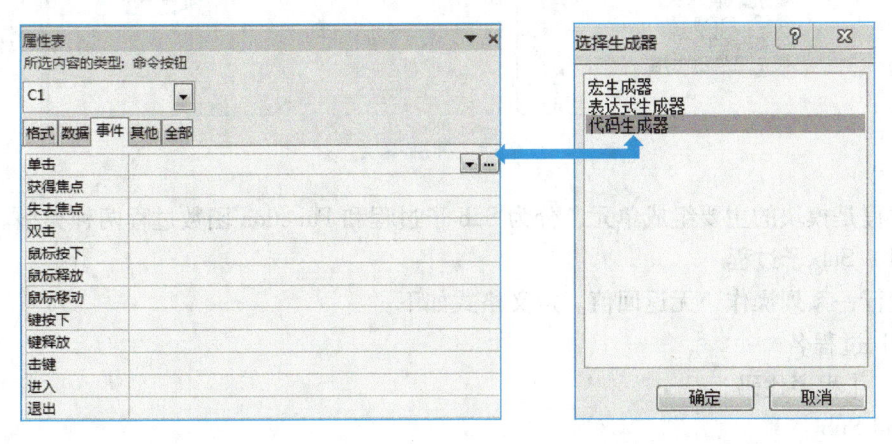

图 7-5　属性表　　　　　　图 7-6　选择生成器

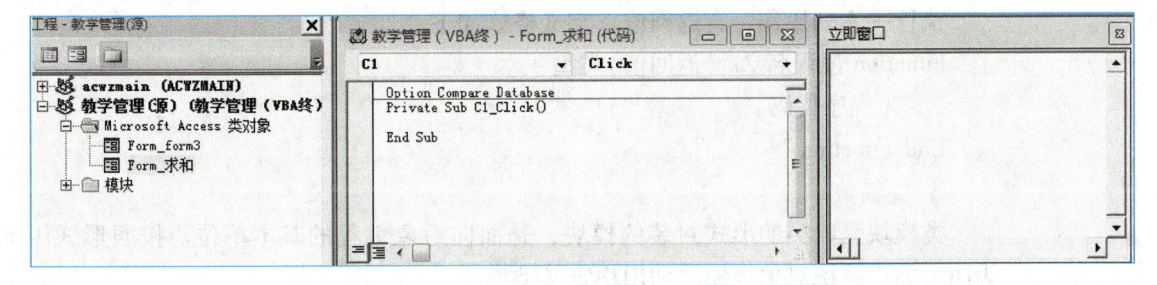

图 7-7　通过代码生成器进入的 VBA 编程环境

7.1.2　VBA 模块简介

模块是由 VBA 通用声明和一个或多个过程组成的单元。组成模块的基础是过程，VBA 过程通常分为子过程（Sub 过程）和函数过程（Function 过程）。每个过程作为一个独立的程序段，实现某个特定的功能。

从与其他对象的关系来划分，模块分为标准模块和类模块两种类型。标准模块是数据库中独立的模块对象，与窗体、报表等对象无关。类模块是指包含在窗体、报表等对象中的事件过程，这样的程序模块仅在所属对象处于活动状态下有效，也称为绑定型程序模块。

1. 标准模块

标准模块一般用于存放供其他 Access 数据库对象或代码使用的公共过程。选择"创建"选项卡，然后在"宏与代码"选项组中单击"模块"按钮，就创建一个标准模块并进入 VBA 编程环境。在分割线的上方是声明区，下方是过程或函数区，如图 7-8 所示。

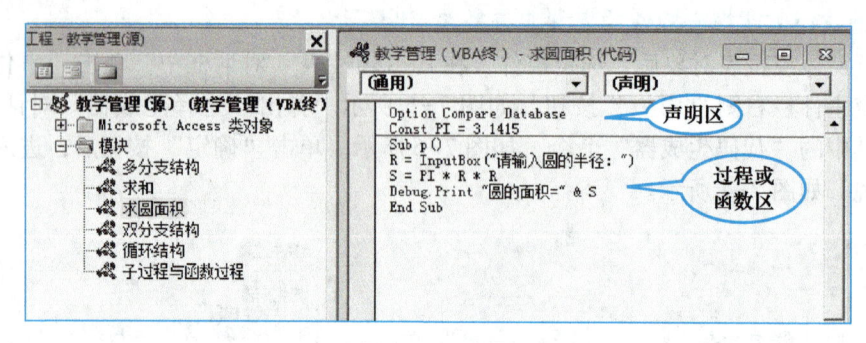

图 7-8 标准模块

过程是模块的主要组成单元，分为 Sub 子过程和 Function 函数过程两种类型。

（1）Sub 子过程

执行一系列操作，无返回值。定义格式如下：

Sub 过程名

　　［程序代码］

End Sub

（2）Function 函数过程

执行一系列操作，有返回值。定义格式如下：

Function 过程名 As（返回值）类型

　　［程序代码］

End Function

2. 类模块

类模块是以类的形式封装的模块，是面向对象编程的基本单位。按照形式不同分为两大类：系统对象类模块和用户定义类模块。

7.1.3 VBA 程序设计基础

VBA 是微软 Office 套件的内置编程语言，语法与 Visual Basic 编程语言互相兼容。

1. 程序语句书写原则

通常将一个语句写在一行，语句较长，一行写不下时，可以用续行符（_）将语句连续写在下一行；可以使用冒号（:）将几个语句分隔写在一行中。书写时可以采取缩进格式，便于显示流程中的结构。

注释语句可以帮助更好地理解程序，放置在程序模块的任何位置，默认以绿色文本显示，操作方法有以下两种。

① 使用 Rem 语句，格式为：Rem 注释语句。

② 使用单引号"'"，格式为：'注释语句。

2. 数据类型

在创建表对象时定义的字段数据类型（除了 OLE 对象和备注数据类型外），在 VBA 中都有数据类型与之相对应。VBA 中常用的标准数据类型列表如表 7-1 所示。

表 7-1　VBA 中常用的标准数据类型列表

数据类型	类型标识	符号	字段类型	取 值 范 围
整数	Integer	%	字节/整数/是/否	−32 768~32 767
单精度数	Single	!	单精度数	负数：−3.402 823E38~−1.401 298E−45 正数：1.401 298E−45~3.402 823E38
货币	Currency	@	货币	−922 337 203 685 477.580 8~922 337 203 685 477.580 7
字符串	String	$	文本	0 字符~65 500 字符
布尔型	Boolean		逻辑值	True 或 False
日期型	Date		日期/时间	100 年 1 月 1 日~9999 年 12 月 31 日
变体类型	Variant		任何	January1/10000（日期） 数字和双精度同，文本和字符串同

3. 变量与常量

变量与常量是两种最基本的运算对象。变量是指程序运行时值会发生变化的数据，变量名的命名，同字段命名一样，不能使用空格或除了下划线字符（_）外的其他标点符号，不能使用 VBA 的关键字，通常采用大写与小写字母相结合的命名方式，增强可读性，但不区分字母大小写，变量名的长度不能超过 255 个字符。常量在程序运行时其值不会发生变化。

（1）变量的声明

变量的声明就是定义变量的名称及类型。分为显式声明和隐含声明两种。

① 显式声明。变量先定义后使用是较好的程序设计习惯。显式定义变量的最常用方式是使用如下格式：

Dim… As　<VarType>

其中，As 后指明数据类型，或在变量名后使用符号来指明变量的数据类型。

② 隐含声明。没有使用 Dim 定义而直接给变量名赋值，或者 Dim 定义时省略 As <VarType>，此时默认变量的数据类型为变体类型。

（2）变量的作用域

变量定义的位置和方式不同，则它存在的时间和作用的范围也有所不同。变量的作用域分为 3 种：局部范围、模块范围和全局范围。

① 局部范围。变量定义在模块的过程内部，过程代码执行时才可见。在子过程或函数过程中定义的或直接使用的变量，其作用域是局部范围。

② 模块范围。变量定义在模块的所有过程之外的起始位置，即在模块的通用声明区定义，用 Private … As 关键字说明，运行时在模块所包含的子过程或函数过程中可见，其作用域是模块范围。

③ 全局范围。变量定义在标准模块的所有过程之外的起始位置，即在模块的通用声明区定义，用 Public … As 关键字说明，运行时在所有类模块和标准模块所包含的子过程或函数过程中都可见，其作用域是全局范围。

(3) 数据库对象变量

数据库对象及其控件的属性，均可被看成是 VBA 程序代码中的变量并加以引用。窗体与报表对象的引用格式分别为：

Forms!窗体名称!控件名称[.属性名称]

Reports!报表名称!控件名称[.属性名称]

关键字 Forms 和 Reports 分别表示窗体或报表对象集合。感叹号"!"分隔开对象名称和控件名称，如果属性名称缺省，默认为控件基本属性。

(4) 数组变量

数组变量是一组具有相同数据类型的数据构成的集合，也称为数组元素变量。数组变量由变量名和数组下标构成，必须先声明后使用，用 Dim 语句定义，格式为：

Dim 数组名([下标下限 to] 下标上限)

缺省情况下，下标下限为 0。

(5) 符号常量

在 VBA 编程过程中，对于使用频率较高的变量，可以用符号常量形式来表示。符号常量用关键字 Const 来定义，格式为：

Const 符号常量名称=常量值

符号常量定义时不需要指明数据类型，常量名称一般用大写，以便与变量区分。

(6) 系统常量

Access 系统内部包含有若干启动时就建立的系统常量，有 True、False、Yes、No、On、Off 和 Null 等。系统常量存放于对象库中，编写代码时可以直接使用。

4. 常用标准函数

标准函数一般用于表达式中，有的能与语句一样使用，格式为：

函数名(<参数 1><,参数 2>[,参数 3][,参数 4][,参数 5]…)

其中，函数名必不可少，参数可以是常量、变量或表达式，也有无参数的函数，比如 Date()。每个函数被调用时，都会有返回值。

(1) 算术函数

算术函数的功能是完成数学计算。主要包括绝对值函数 Abs、向下取整函数 Int、四舍五入函数 Round 等。

(2) 字符串函数

字符串函数的功能是对字符串进行操作。主要包括字符串检索函数 InStr、字符串长度检测函数 Len、字符串截取函数 Left、Right 和 Mid 等。

(3) 日期/时间函数

日期/时间函数的功能是处理日期和时间。主要包括返回当前系统日期函数 Date、返回当前系统时间函数 Time、返回当前系统日期和时间函数 Now、返回日期的年份函数 Year、返回日期的月份函数 Month、返回日期的日函数 Day、返回日期对应的星期几函数 Weekday、返回时间的小时函数 Hour、返回时间的分钟函数 Minute、返回时间的秒函数 Second、返回包含指定年月日的日期函数 DateSerial 等。

(4) 类型转换函数

类型转换函数的功能是将一种数据类型转换成另一种数据类型。主要包括数字转换成字符串函数 Str、字符串转换成数字函数 Val 等。

5. 运算符

根据运算的不同，可以分为 4 种类型运算符：算术运算符、关系运算符、逻辑运算符和连接运算符。

(1) 算术运算符

算术运算符用于算术运算，主要有 7 个运算符，分别是乘幂（^）、乘法（*）、除法（/）、整数除法（\）、求模运算（Mod）、加法（+）和减法（-）。

(2) 连接运算符

连接运算符用于连接字符串，有"&"和"+"两个运算符。当两个被连接的数据都是字符型时，运算符"&"和运算符"+"的作用相同；当数值型数据和字符型数据连接时，运算符"&"能将数值型数据先转为字符型数据后再进行连接，而使用运算符"+"进行连接会出错。

(3) 关系运算符

关系运算符用于表示值与值、值与表达式或表达式与表达式之间的大小关系。有 6 个运算符，分别是等于（=）、不等于（<>）、小于（<）、大于（>）、小于或等于（<=）、大于或等于（>=）。

(4) 逻辑运算符

逻辑运算符用于逻辑运算，有 3 个运算符，分别是非（Not）、与（And）和或（Or）。

将常量或变量用以上运算符连接在一起构成的式子就是表达式。当一个表达式由多个运算符连接在一起时，运算进行的先后顺序由运算符的优先级决定。优先级高的先运算，优先级相同的按照从左到右的顺序运算。运算符的优先级如表 7-2 所示。但是括号的优先级最高，可以用括号改变优先级顺序。

表 7-2 运算符的优先级

优先级	高			低
	算术运算符	连接运算符	关系运算符	逻辑运算符
高 ↓ 低	乘幂（^）	字符串连接（&）	等于（=）	非（Not）
	负数（-）	字符串连接（+）	不等于（<>）	与（And）
	乘法和除法（*、/）		小于（<）	或（Or）
	整数除法（\）		大于（>）	
	求模运算（Mod）		小于或等于（<=）	
	加法和减法（+、-）		大于或等于（>=）	

7.1.4 VBA 流程控制语句

执行语句可以分为 3 种基本结构：顺序结构、分支结构和循环结构。其中，分支结构又称为选择结构，可以根据条件选择执行语句。循环结构可以根据条件重复执行循环体内的语句。

1. 顺序结构

顺序结构是在程序执行时，根据程序中语句的书写顺序依次执行的语句序列，其程序执行的流程是按顺序完成操作的。

2. 分支结构

分支结构是根据条件表达式的值来选择执行语句，主要有以下几种结构。

(1) If—Then 语句

语句结构为：

If <条件表达式> Then <条件表达式为 True 时执行的语句>

或

 If <条件表达式> Then
  <条件表达式为 True 时执行的语句序列>
 End If

其功能是先计算条件表达式，当表达式的值为 True 时，才执行语句序列。

(2) If—Then—Else 语句

语句结构为：

If <条件表达式> Then <条件表达式为 True 时执行的语句>
Else<条件表达式为 False 时执行的语句>

或

If <条件表达式> Then
 <条件表达式为 True 时执行的语句序列>
Else
 <条件表达式为 False 时执行的语句序列>
End If

其功能是先计算条件表达式，当表达式的值为 True 或 False 时，执行相对应的语句序列。

(3) If—Then—ElseIf 语句

语句结构为：

If <条件表达式 1> Then
 <条件表达式 1 为 True 时执行的语句序列 1>
ElseIf<条件表达式 2> Then
 <在条件表达式 1 为 False 的前提下,并且条件表达式 2 为 True 时执行的语句序列 2>
……
[Else
 <语句序列 n>]

End If

(4) Select Case—End Select 语句

VBA 中对分支结构的嵌套数目和深度是有限制的，当条件选项较多时，使用 If-Then-ElseIf 语句需要多重嵌套，可能使程序变得很复杂，而使用 Select Case—End Select 语句就可以方便地解决这个问题。

语句结构为：
Select Case <表达式>
　　　［Case 表达式 1
　　　　表达式的值等于表达式 1 的值时执行的语句序列］
　　　［Case 表达式 2 To 表达式 3
　　　　表达式的值介于表达式 2 的值和表达式 3 的值之间时执行的语句序列］
　　　［Case Is 关系运算符 表达式 4
　　　　表达式的值与表达式 4 的值之间进行关系运算，结果为 True 时执行的语句序列］
　　　［Case Else
　　　　上述的情况均不满足时执行的语句序列］
End Select

(5) 条件函数 IIF

函数格式为：
IIF(条件表达式,表达式 1,表达式 2)

IIF 函数是根据"条件表达式"的值来决定函数的返回值，当条件表达式的值为 True 时，返回表达式 1 的值；当条件表达式的值为 False 时，返回表达式 2 的值。

3. 循环结构

循环结构是一种十分重要的程序结构，能够重复执行某些语句以完成大量的计算或处理要求。常用的结构有以下几种。

(1) For—Next 语句

语句结构为：
For 循环变量=初值 To 终值 ［Step 步长］
　　　循环体
　　　［条件语句序列
　　　　　Exit For
　　　结束条件语句序列］
Next ［循环变量］

说明：当"Step 步长"省略时，默认为"Step 1"。

(2) Do While—Loop 语句

语句结构为：
Do While <条件表达式>
　　　循环体
　　　［条件语句序列

Exit Do
结束条件语句序列]
Loop
说明：只有当"条件表达式"的值为 True 时，才执行循环体。

7.1.5 VBA 常用操作

VBA 常用操作主要介绍打开和关闭操作、输入和输出操作。

1. 打开和关闭操作

（1）打开窗体操作

一个程序中可能需要打开关联的窗体，可以使用以下操作完成，命令格式为：

DoCmd. OpenForm "formname"[, view][, filtername][, wherecondition][, datamode][, windowmode]

主要参数说明：

① formname 是要打开的窗体对象名。

② view 是可选项，用于设置窗体打开模式。

（2）打开报表操作

命令格式为：

DoCmd. OpenReport "reportname"[, view][, filtername][, wherecondition]

主要参数说明：

① reportname 是要打开的报表对象名。

② view 是可选项，用于设置报表打开模式。

（3）执行宏操作

命令格式为：

DoCmd. RunMacro "macroname"[, repeatcount][, repeatexpression]

其中 macroname 是要执行的宏对象名。

（4）关闭数据库对象操作

命令格式为：

DoCmd. Close [objecttype][, objectname][, save]

主要参数说明：

① objecttype 是要关闭对象的类型。

② objectname 是要关闭的对象名。

当省略所有参数时，默认关闭当前活动对象。

（5）关闭数据库操作

命令格式为：

DoCmd. CloseDatabase

2. 输入和输出操作

（1）输入框

输入框（InputBox）的作用是在程序执行中弹出一个对话框，等待用户根据提示输入数据，按下按钮后返回该数据信息。InputBox 以函数的形式调用，返回值为字符串数据类型。使用格式为：

InputBox(prompt[,title][,default][,xpos][,ypos][,helpfile][,context])

主要参数说明：

① prompt 是必不可少的，表示提示信息，前后加英文标点双引号" " "为定界符。

② title 是可选项，表示对话框标题栏中的提示信息，前后加英文标点双引号" " "为定界符。

（2）输出消息框

输出消息框（MsgBox）的作用是在程序执行中，弹出一个对话框，显示执行结果或等待用户选择一个按钮执行相应的操作。使用格式为：

MsgBox(prompt[,buttons][,title][,helpfile][,context])

主要参数说明：

① prompt 是必不可少的，表示提示信息，前后加英文标点双引号" " "为定界符。

② buttons 是可选项，指定显示按钮的数目及形式、使用的图标样式、缺省的按钮等。

③ title 是可选项，表示对话框标题栏中的提示信息，前后加英文标点双引号" " "为定界符。

输出消息框的使用有两种形式：子过程调用形式和函数过程调用形式。如果使用函数调用，消息框会有返回值，如果省略其中若干参数，中间的逗号","不能省略。

（3）立即窗口输出

立即窗口输出（Debug. Print）语句的作用是将变量或表达式的值显示在"立即窗口"中。

7.2 典型案例

【案例1】建立子过程

视频7-1
建立子过程

1. 案例描述

创建一个模块，名为"子过程与函数过程"，在模块中建立一个子过程。要求按顺序执行以下操作。

① 弹出一个消息框，显示"程序，你好！"。

② 运行宏"macro_1"。

③ 打开窗体"form1"。

④ 将窗体"form1"中"bt1"按钮的标题由"运行宏"修改为"hello"。

⑤ 在"立即窗口"中显示信息"编写第一个程序"。

2. 案例操作步骤

① 选择"创建"选项卡，再单击"宏与代码"选项组中的"模块"按钮。

② 保存模块名为"子过程与函数过程"。

③ 在代码编写窗口中，创建一个 Sub 子过程，过程名为"子过程"，如图 7-9 所示。

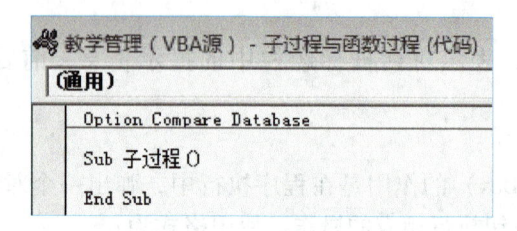

图 7-9 Sub 子过程

④ 在子过程区域中输入语句"MsgBox "程序，你好！""，实现消息框显示信息。

⑤ 接着在下一行输入语句"DoCmd.RunMacro "macro_1""，实现宏的运行。

⑥ 再下一行输入语句"DoCmd.OpenForm "form1""，实现窗体的打开。

⑦ 再下一行输入语句"Forms!form1!bt1.Caption = "hello""，实现窗体"bt1"按钮标题的修改。

⑧ 再下一行输入语句"Debug.Print "编写第一个程序""，实现在"立即窗口"显示文字信息。

⑨ 保存模块，单击工具栏上的 ▶ 按钮，执行"子过程"并查看运行效果。

消息框显示信息"程序，你好！"，如图 7-10 所示，在"立即窗口"中显示信息"编写第一个程序"，如图 7-11 所示。

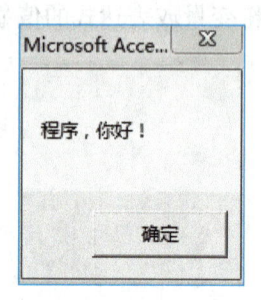

图 7-10 消息框信息   图 7-11 "立即窗口"信息

视频 7-2
建立函数过程

【案例2】建立函数过程

1. 案例描述

在"子过程与函数过程"模块中建立一个函数过程。要求实现以下功能：如果系统的日期为 11 月 11 日，则弹出消息框显示"双十一购物节！"

2. 案例操作步骤

① 在案例 1 子过程的代码编写窗口中，创建一个 Function 函数过程，过程名为"函数过程"，如图 7-12 所示。

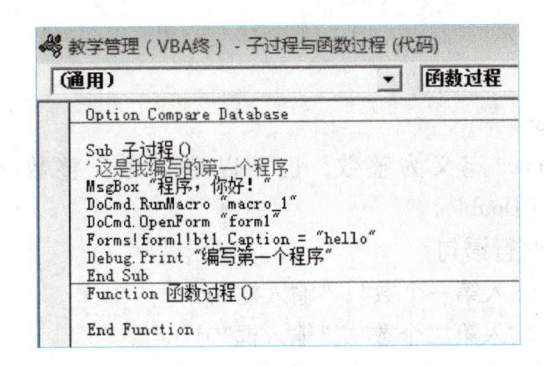

图 7-12　Function 函数过程

② 在函数过程区域内输入语句"If Month(Date) = 11 And Day(Date) = 11 Then",实现对系统日期进行判断。

③ 接着在下两行分别输入语句"MsgBox" 双十一购物节!"","MsgBox" 狂欢!"",实现满足条件时弹出消息框显示信息的操作。

④ 再下一行输入语句"End If",表示分支结构 If 语句结束。

⑤ 保存模块,单击工具栏上的 ▷ 按钮,执行"函数过程"并查看运行效果。

假若当前系统日期不是 11 月 11 日,执行"函数过程"将无任何反应。为了验证程序编写是否正确,修改系统日期为 11 月 11 日后,再执行"函数过程",运行效果如图 7-13 和图 7-14 所示。

图 7-13　弹出的第一个消息框 　　　图 7-14　弹出的第二个消息框

【案例 3】建立双分支结构

视频 7-3
建立双分支结构

1. 案例描述

创建一个模块,名为"双分支结构",在模块中建立一个 Sub 子过程,名为"比较大小",要求实现以下功能:由输入框输入两个数,比较两个数的大小后,通过消息框输出较大数。

2. 案例操作步骤

① 选择"创建"选项卡,单击"宏与代码"选项组中的"模块"按钮。

② 保存模块名为"双分支结构"。

③ 在代码编写窗口中,创建一个 Sub 子过程,过程名为"比较大小"。

④ 在子过程区域中输入以下 3 行语句:

Dim a As Integer

Dim b As Integer

Dim max As Integer

将变量 a、b 和 max 定义为整数，也可以定义为长整数（Long）、单精度数（Single）或双精度数（Double）。

⑤ 接着输入以下两行语句：

a = InputBox("请输入第一个数","输入框")

b = InputBox("请输入第二个数","输入框")

实现通过输入框输入要比较大小的两个数，分别赋值给变量 a 和变量 b。

⑥ 接着输入以下条件判断及执行语句：

```
If a > b Then
    max = a
Else
    max = b
End If
```

实现判断变量 a 和变量 b 的大小，当 a>b 时，变量 max 的值即为 a 的值，否则变量 max 的值即为 b 的值。

⑦ 最后输入语句"MsgBox "最大值为" & max"，实现弹出消息框显示最大值。

⑧ 保存模块，单击工具栏上的 ▶ 按钮，执行"比较大小"子过程并查看运行效果。

先弹出输入框提示输入第一个数，如图 7-15 所示，任意输入整数 3，单击"确定"按钮后，接着又弹出一个输入框提示输入第二个数，输入整数 4，再单击"确定"按钮后，弹出一个消息框提示"最大值为 4"，如图 7-16 所示。

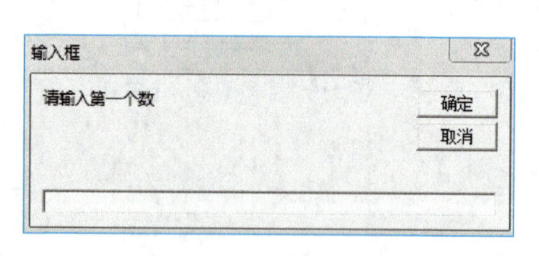

图 7-15　第一个输入框　　　　图 7-16　输出消息框

视频 7-4
条件函数 IIf

【案例 4】子过程中使用 IIf 函数

1. 案例描述

对案例 3 进行修改，同样完成比较两个数的大小，要求使用 IIF 函数实现。

2. 案例操作步骤

① 双击打开"双分支结构"模块，进入代码编写窗口。

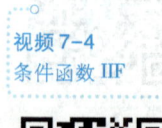

② 在菜单工具栏的空白处右击，在弹出的快捷菜单中选择"编辑"命令，出现"编辑"工具栏，如图 7-17 所示。

图 7-17 "编辑"工具栏

③ 选定已编辑好的以下程序段，单击"编辑"工具栏中的"设置注释块"按钮，将程序段设置为注释语句，效果如图 7-18 所示。

```
'If a > b Then
'max = a
'Else
'max = b
'End If
```

图 7-18 双分支结构程序段注释

④ 在注释语句的下方插入一行，输入语句"max=iif(a>b,a,b)"，实现判断变量 a 和变量 b 的大小，并将较大数赋值给变量 max。

⑤ 保存模块，单击工具栏上的 ▶ 按钮，执行"比较大小"子过程，根据输入对话框的提示任意输入两个整数，单击"确定"按钮并查看运行效果。

【案例 5】 窗体中使用 IIf 函数

1. 案例描述

在窗体对象"form4"中完成如下设计：将窗体"主体"节中文本框控件"tPa"的数据"控件来源"设置为"党员否"字段，当字段值为 True 时，显示"党员"；字段值为 False 时，显示"非党员"。

2. 案例操作步骤

① 使用"设计视图"打开窗体对象"form4"。

② 单击"主体"节中的文本框控件"tPa"，在其属性窗口中选择"数据"选项卡，设置"控件来源"为"党员否"字段。

③ 切换视图到"窗体视图"，查看窗体显示效果，"党员否"对应的值显示为逻辑值 True 和 False 两种状态。

④ 切换视图到"设计视图"，单击文本框控件"tPa"，在其属性对话框中选择"数据"选项卡，修改"控件来源"属性为"=IIf([党员否],"党员","非党员")"。

⑤ 切换视图到"窗体视图"，查看窗体显示效果，"党员否"对应的值显示为"党员"和"非党员"两种状态，如图 7-19 所示。

信息输出				
编号	姓名	性别	年龄	党员否
000001	李四	男	24	党员
000002	张三	女	23	非党员
000003	程鑫	男	20	非党员
000004	刘红兵	男	25	非党员
000005	钟舒	女	35	党员

图 7-19 "form4" 部分数据 "窗体视图" 显示效果

视频 7-5
建立多分支结构一

【案例 6】建立多分支结构一

1. 案例描述

创建一个模块，名为"多分支结构"，在模块中建立一个 Sub 子过程，名为"成绩级别"，要求实现以下功能：由输入框输入一个成绩，如果成绩小于 60 分，弹出消息框显示"等级 C"；如果成绩介于 60 分到 79 分之间，弹出消息框显示"等级 B"；如果成绩在 80 分及以上，弹出消息框显示"等级 A"。

2. 案例操作步骤

① 选择"创建"选项卡，再单击"宏与代码"选项组中的"模块"按钮。
② 保存模块名为"多分支结构"。
③ 在代码编写窗口中，创建一个 Sub 子过程，过程名为"成绩级别"。
④ 在子过程区域中输入语句"Dim cj As Integer"，将变量 cj 定义为整数类型。
⑤ 接着在下一行输入语句"cj = InputBox("输入一个成绩值："，"成绩判断")"，实现通过输入框输入成绩，并赋值给变量 cj。
⑥ 再下一行开始输入如下条件判断及执行语句：

```
If cj < 60 Then
    MsgBox "等级 C"
ElseIf cj <= 79 Then
    MsgBox "等级 B"
Else
    MsgBox "等级 A"
End If
```

实现判断如果变量 cj 的值小于 60，弹出消息框显示"等级 C"；否则，变量 cj 的值就必然大于或等于 60，在此基础上再判断 cj 的值，如果小于或等于 79，弹出消息框显示"等级 B"；除此之外，即变量 cj 的值在 80 及以上时，弹出消息框显示"等级 A"。

⑦ 保存模块，单击工具栏上的 ▶ 按钮，执行"成绩级别"子过程，根据对话框提示输入成绩，单击"确定"按钮并查看运行效果。

先输入小于 60 的成绩值，例如 55，运行效果如图 7-20 和图 7-21 所示；再输入 60 到 79 之间的成绩值，例如 70，以及输入 80 及以上的成绩值，例如 90，运行效果如图 7-22 和图 7-23 所示。

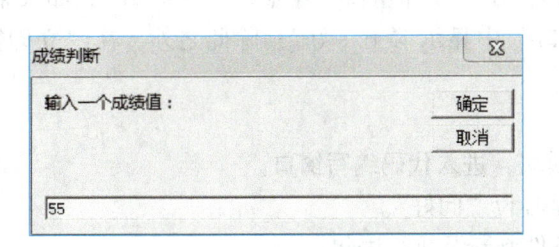

图 7-20 输入成绩 55　　图 7-21 输出等级 "C"

图 7-22 输出等级 "B"　　图 7-23 输出等级 "A"

【案例 7】 建立多分支结构二

1. 案例描述

对案例 6 进行修改，要求使用 Select Case 语句实现成绩等级的判断。

2. 案例操作步骤

① 双击打开"多分支结构"模块，进入代码编写窗口。

② 选定已编辑好的以下程序段，单击"编辑"工具栏中的"设置注释块"按钮，将程序段设置为注释语句，效果如图 7-24 所示。

③ 在注释语句的下方插入以下语句：

```
Select Case cj
    Case Is < 60
        MsgBox "等级 C"
    Case 60 To 79
        MsgBox "等级 B"
    Case Else
        MsgBox "等级 A"
End Select
```

```
'If cj < 60 Then
'    MsgBox "等级C"
'ElseIf cj <= 79 Then
'    MsgBox "等级B"
'Else
'    MsgBox "等级A"
'End If
```

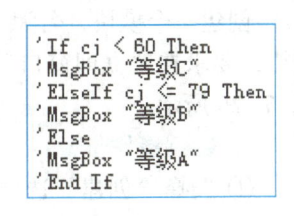

图 7-24 多分支结构程序段注释

④ 保存模块，单击工具栏上的 ▶ 按钮，执行"成绩级别"子过程，根据对话框提示输入成绩，单击"确定"按钮并查看运行效果。

【案例 8】 建立多分支结构三

1. 案例描述

在"多分支结构"模块中，新建一个 Sub 子过程，名为"问好"，要求实现以下功能：如果系统时间是 08:00 到 11:59，在"立即窗口"中显示"上午好"；如果系统时间是 12:00 到 17:59，在"立即窗口"中显示"下午好"；除此之外，在"立即窗口"中显示"欢迎下次光临"。

2. 案例操作步骤

① 双击打开"多分支结构"模块，进入代码编写窗口。

② 创建一个 Sub 子过程，过程名为"问好"。

③ 在子过程区域中输入如下条件判断及执行语句：

```
Select Case Hour(Time)
    Case 8 To 11
        Debug. Print "上午好!"
    Case 12 To 17
        Debug. Print "下午好!"
    Case Else
        Debug. Print " 欢迎下次光临!"
End Select
```

其中，Hour(Time) 用于返回系统时间对应的小时，Debug. Print 用于实现在"立即窗口"显示信息。

④ 保存模块，单击工具栏上的 ▶ 按钮，执行"问好"子过程，在"立即窗口"中查看运行效果。

以当前系统时间上午 10:00 为例，运行效果如图 7-25 所示。

图 7-25 "立即窗口"显示问好

【案例 9】建立循环结构一

1. 案例描述

创建一个模块，名为"循环结构"，在模块中建立一个 Sub 子过程，名为"正方形"，要求在"立即窗口"中显示由星号（*）组成的 5×5 的正方形。运行效果如图 7-26 所示。

2. 案例操作步骤

① 选择"创建"选项卡，再单击"宏与代码"选项组中的"模块"按钮。

② 保存模块名为"循环结构"。

③ 在代码编写窗口中，创建一个 Sub 子过程，过程名为"正方形"。

④ 在子过程区域中输入以下 3 行语句：

```
For i = 1 To 5 Step 1
    Debug. Print "*****"
Next i
```

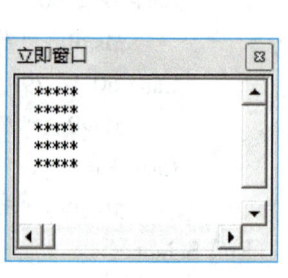

图 7-26 "立即窗口"显示正方形

说明：循环变量 i 的初始值为 1，终止值为 5，"step 1"表示步长为 1，可以省略，由此可见，循环体内的"Debug. Print " ***** ""语句将被执行 5 次，即在"立即窗口"中显示 5 行"*****"。

⑤ 保存模块，单击工具栏上的 ▶ 按钮，执行"正方形"子过程，在"立即窗口"中查看运行效果。

【案例 10】 建立循环结构二

1. 案例描述

在"循环结构"模块中建立一个 Sub 子过程，名为"三角形"，要求在"立即窗口"中显示由星号"*"组成的三角形。运行效果如图 7-27 所示。

2. 案例操作步骤

① 双击打开"循环结构"模块，进入代码编写窗口。

② 创建一个 Sub 子过程，过程名为"三角形"。

③ 在子过程区域中输入语句"Dim str As String"，将变量 str 定义为字符串数据类型。

④ 接着在下一行输入语句"str = """，将变量 str 赋初始值为空字符串。

图 7-27 "立即窗口"显示三角形

⑤ 再接着下一行开始输入以下循环结构语句：

For i = 1 To 5 Step 1
　　str = str + " * "
　　Debug. Print str
Next i

说明：循环变量 i 的初始值为 1，终止值为 5，"step 1"表示步长为 1，可以省略。由此可见，循环体内的"str = str + " * ""语句将被执行 5 次，作用是更新变量 str 的值，即每一次都在原字符串的后面补上一个星号"*"，最终达到 5 个星号"*****"；循环体内的"Debug. Print str"语句也被执行 5 次，作用是在"立即窗口"中显示 5 行变量 str 的值，即从 1 个星号"*"到 2 个星号"**"，……最后到 5 个"*****"，从而实现三角形的显示效果。

第③步到第⑤步还可以简化为如下循环结构语句：

For i = 1 To 5 Step 1
　　Debug. Print Left(" ***** ", i)
Next i

说明：循环体内的"Debug. Print Left (" ***** ", i)"语句将被执行 5 次。字符串截取函数 Left 能够从字符串" ***** "中截取部分子串，根据循环变量 i 的变化，第 1 行截取 1 个星号"*"，第 2 行截取 2 个星号"**"，……，到第 5 行截取 5 个星号" ***** "，从而实现在立即窗口中显示三角形。

⑥ 保存模块，单击工具栏上的 ▶ 按钮，执行"三角形"子过程并在"立即窗口"中查看运行效果。

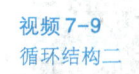

【案例 11】 建立循环结构三

1. 案例描述

对案例 10 子过程"三角形"进行修改，要求使用 Do While 循环语句实现三角形的显示。

2. 案例操作步骤

① 双击打开"循环结构"模块，进入代码编写窗口。

② 选定以下已编辑好的程序段，单击"编辑"工具栏中的"设置注释块"按钮 ，将程序段设置为注释语句，效果如图 7-28 所示。

③ 在注释语句的下方插入 Do While 循环语句：

```
i = 1
Do While i <= 5
    Debug.Print Left("*****", i)
    i = i + 1
Loop
```

```
'Dim str As String
'str = ""
'For i = 1 To 5 Step 1
'str = str + "*"
'Debug.Print str
'Next i
```

图 7-28　For 循环语句注释

说明：循环开始前，需要对循环变量 i 赋初始值，"Do While i<=5"语句中的"i<=5"用于控制循环的条件，循环体内语句"i = i + 1"等同于 For 循环语句的步长"Step 1"。

④ 保存模块，单击工具栏上的 ▶ 按钮，执行"三角形"子过程并在"立即窗口"中查看运行效果。

【案例 12】 建立循环结构四

1. 案例描述

在"循环结构"模块中建立一个 Sub 子过程，名为"求和"，要求在"立即窗口"中显示 1+2+3+4+…+100 的求和计算结果。运行结果如图 7-29 所示。

2. 案例操作步骤

① 双击打开"循环结构"模块，进入代码编写窗口。

② 新建一个 Sub 子过程，过程名为"求和"。

③ 在子过程区域中输入语句"Dim sum As Integer"，将求和结果变量 sum 定义为整数类型。

④ 接着在下一行输入语句"sum = 0"，作用是将变量 sum 赋初始值为 0。

图 7-29　"立即窗口"显示求和结果

⑤ 再接着从下一行开始输入以下循环结构语句：

```
For i = 1 To 100 Step 1
    sum = sum + i
Next i
```

说明：循环变量 i 的初始值为 1，终止值为 100，"step 1"表示步长为 1，可以省略。由此可见，循环体内的"sum = sum + i"语句将被执行 100 次，作用是求和变量 sum 的值每一次循环都是在原来值的基础上加上当前循环变量 i 值。

⑥ 最后换一行输入语句"Debug.Print sum",实现在"立即窗口"中显示最终求和结果。

⑦ 保存模块,单击工具栏上的 ▶ 按钮,执行"求和"子过程,在"立即窗口"中查看运行效果。

【案例 13】 将模块以事件代码形式写入窗体

1. 案例描述

在"求和"窗体中,为"bt1"按钮控件(标题为"计算")建立单击事件过程,要求在窗体视图下,任意输入一个整数,单击"计算"按钮,显示从 1 加到此数的求和计算结果。

2. 案例操作步骤

① 使用"设计视图"打开"求和"窗体。

② 单击窗体"主体"节的"计算"按钮控件,在其属性窗口中,选择"事件"选项卡。

③ 单击"单击"属性右侧的"生成器"按钮,在弹出的"选择生成器"对话框中,单击"代码生成器"按钮,进入 VBA 环境编写代码,如图 7-30 所示。

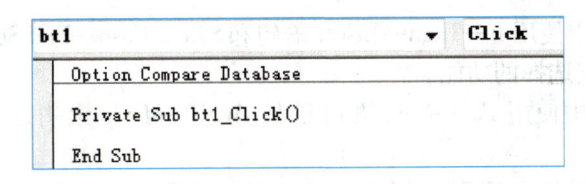

图 7-30 "单击"事件代码编辑界面

④ 在子过程区域内,输入以下循环结构语句:

```
Dim sum As Integer
sum = 0
For i = 1 To t1 Step 1
sum = sum + i
Next i
t2 = sum
```

说明:循环变量 i 的初始值为 1,终止值为 t1,此处的 t1 是窗体中文本框控件的名称,它的值由用户从键盘随机输入;t2 也是窗体中文本框控件的名称,用于显示运算结果,它的值就是从 1 累加到 t1 的求和计算结果。

⑤ 保存模块,退出 VBA 环境,回到窗体,切换视图到"窗体视图"。

⑥ 先在"输入一个整数"对应的文本框中输入求和终止数值,例如 10,再单击"计算"按钮,在"求数列和"对应的文本框中显示出求和结果,运行效果如图 7-31 所示。

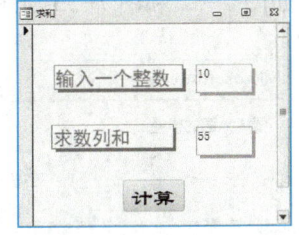

图 7-31 "窗体视图"显示求和结果

7.3　本章小结

本章主要学习了 Access 数据库的模块类型，VBA 程序设计的基础，VBA 流程控制语句和 VBA 常用操作等内容，重点掌握以下几点。

① 理解 VBA 编程的特点，VBA 程序的编写单位是子过程和函数过程，它们在 Access 数据库中以模块形式组织和存储。

② 掌握 VBA 程序语句书写原则、数据类型、变量、常量和常用标准函数等 VBA 程序设计基础。

③ 掌握使用 VBA 程序代码编写简单的 Sub 子过程和 Function 函数过程，实现输入框输入数据、消息框输出信息、运行宏、打开或关闭 Access 数据库对象以及修改控件的属性等操作。

④ 掌握在过程中使用 If—Then—Else 语句建立双分支结构，实现选择功能。

⑤ 掌握在过程中使用条件函数 IIF(条件表达式,表达式1,表达式2)完成相应的选择操作。

⑥ 掌握在过程中使用 If—Then—ElseIf 语句和 Select Case—End Select 语句建立多分支结构，实现多分支选择的功能。

⑦ 掌握在过程中使用 For—Next 语句和 Do While—Loop 语句建立循环结构，实现循环功能。

⑧ 掌握为窗体对象或者报表对象中的控件建立事件响应过程。

7.4　习题

说明：请在数据库文件"VBA_exec.accdb"中完成以下习题操作。

1. 创建模块，顺序结构

创建模块对象，名称为"MK1"，在"MK1"中定义一个子过程"Proc1"，该子过程实现的功能是：根据输入框输入的半径值，计算圆的面积，并通过消息框显示计算结果。要求在模块的声明区中定义圆周率 PI=3.14。以运行时输入半径 2 为例，运行效果如图 7-32 和图 7-33 所示。

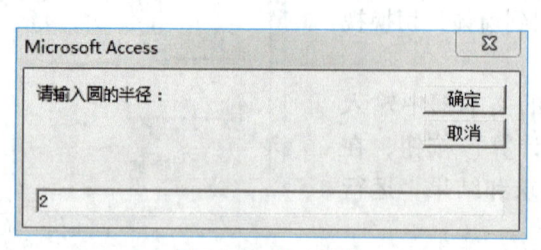

图 7-32　输入半径　　　　图 7-33　输出圆面积

2. 选择结构

① 在模块"MK1"中定义一个子过程"Proc2",该子过程实现的功能是:如果当前系统时间超过 12 点(不含 12 点),则在"立即窗口"中显示"下午好!"。

② 在模块"MK1"中定义一个子过程"Proc3",该子过程实现的功能是:使用 InputBox 函数从键盘上任意输入 3 个整数,判断 3 个数的大小,最后通过消息框输出最大数。判断过程要求使用 IIF 函数实现。运行时以输入 3 个整数 3、12、5 为例,运行效果如图 7-34 和图 7-35 所示。

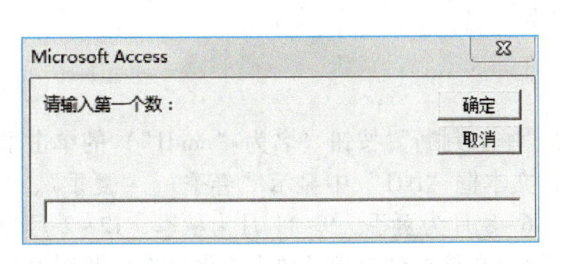

图 7-34　输入数对话框　　　　图 7-35　输出最大数

③ 打开窗体"三角形判断",分别在文本框"txt1"、"txt2"和"txt3"中输入三角形的 3 条边,单击"能否构成三角形"按钮(名为"cmd1"),判断输入的 3 条边能否构成三角形(其中构成条件为:任意两边之和应大于第三边),并弹出消息框显示判断结果"能构成三角形"或"不能构成三角形";单击"退出"按钮,用代码调用形式执行宏"close"以关闭当前窗口。运行时以输入 3 条边长 3、4、5 为例,运行效果如图 7-36 所示。

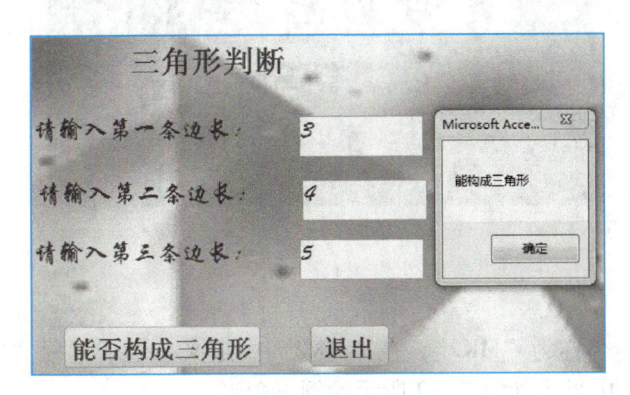

图 7-36　三角形判断

④ 打开窗体"查找星期几",编写"查找"按钮(名称为"cmd1")的单击事件过程代码,实现的功能是:在文本框"txt1"中输入一个日期,单击按钮"cmd1",将在文本框"txt2"中显示相应的星期值(星期一、星期二……星期日);单击按钮"cmd2",以命令代码形式关闭当前窗体。运行时以输入日期"2019 年 02 月 05 日"为例,运行结果如图 7-37 所示。

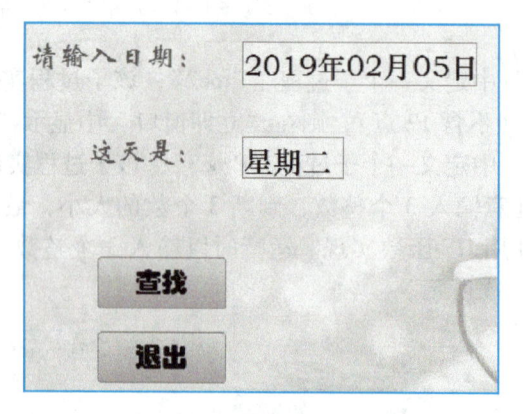

图 7-37 查找星期几

⑤ 打开"季节判断"窗体，编写"季节判断"按钮（名为"cmd1"）的单击事件代码，要求根据系统月份判断季节，在文本框"txt1"中显示"春季"、"夏季"、"秋季"或"冬季"，其中 3~5 月为春季，6~8 月为夏季，9~11 月为秋季，12~2 月为冬季。单击"退出"按钮（名为"cmd2"），在该控件对象的单击事件属性中调用设计好的宏"close"以关闭窗体。运行时以当前系统日期"2019 年 02 月 05 日"为例，运行结果如图 7-38 所示。

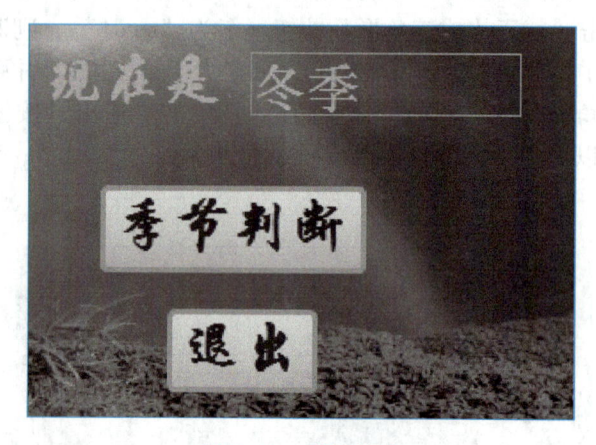

图 7-38 季节判断

3. 循环结构

① 创建模块，名称为"MK2"，在"MK2"中定义一个子过程"PP1"，要求运行后在"立即窗口"中显示如图 7-39 所示的倒三角形。

② 在模块"MK2"中定义一个子过程"PP2"，要求运行后在"立即窗口"中显示如图 7-40 所示的大三角形。

③ 在模块"MK2"中定义一个子过程"PP3"，要求运行后在"立即窗口"中显示如图 7-41 所示的组合图形。

④ 在模块"MK2"中定义一个子过程"PP4"，编写代码，实现在"立即窗口"中显示 1 到 50 之间偶数的平方和。显示效果如下：

图 7-39 "立即窗口"显示倒三角形 　　　图 7-40 "立即窗口"显示大三角形

1 到 50 之间偶数的平方和为：22 100

⑤ 已知序列 f1 = 0，f2 = 1，当 $n \geq 3$ 时，f(n) = f($n-1$) +f($n-2$)。要求在模块"MK2"中定义一个子过程"数列"，运行后弹出消息框显示该数列的第 20 个值，如图 7-42 所示。

图 7-41 "立即窗口"显示组合图形 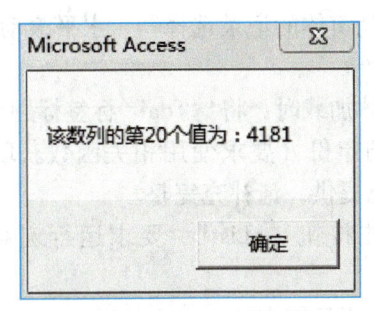　　　图 7-42 输出数列的第 20 个值

⑥ 打开"求乘积"窗体，编写"计算"命令按钮（名为"cmd1"）的单击事件过程代码，要求实现：根据文本框"T1"输入的数值，单击"计算"命令按钮，求 1 到该数值的乘积，并在文本框"T2"中输出乘积结果。单击"退出"按钮（名为"cmd2"），在该控件对象的单击事件属性中调用设计好的宏"close"以关闭窗体。运行时以在文本框"T1"中输入数值 6 为例，运行结果如图 7-43 所示。

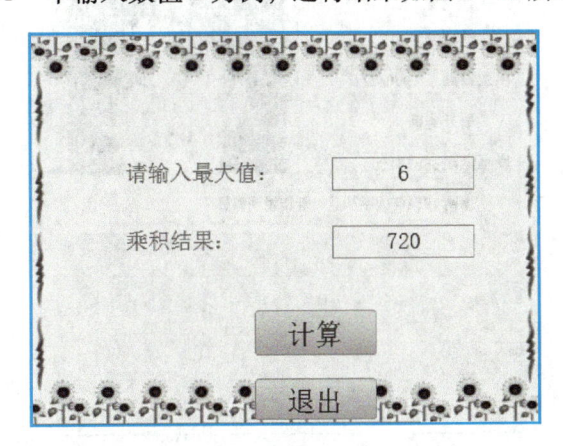

图 7-43 求乘积

7.5 综合实验

【综合实验 1】数据库文件"VBA_samp1.accdb"中已经设计了表对象"tEmployee"和宏对象"m1",同时还有以表对象"tEmployee"为数据源的窗体对象"fEmployee"。请在此基础上按照以下要求补充窗体设计。

① 将窗体对象"fEmployee"上名为"Tda"的标签边框样式设置为"实线",宽度为 3 pt,边框颜色为深蓝色(#1F497D),以"特殊效果:阴影"显示。

② 按钮"bList"的标题设置为"显示雇员情况",将图片"photo"作为窗体的背景图片,非平铺方式,窗体中心对齐,拉伸模式。

③ 取消窗体的记录选择器、水平滚动条和垂直滚动条;取消窗体的最大化和最小化按钮。

④ 窗体加载时,将"Tda"标签标题设置为"YYYY 年雇员信息",其中"YYYY"为系统当前年份(要求使用相关函数获取),例如,2019 年雇员信息。窗体"加载"事件代码已提供,请补充完整。

⑤ 单击按钮"bList",要求运行宏对象"m1";单击事件代码已提供,请补充完整。

程序代码只能在"*****Add*****"与"*****Add*****"之间的空行内补充一行语句并完成设计,不允许增删和修改其他位置已存在的语句。要求运行窗体对象"fEmployee",在"窗体视图"中的运行效果如图 7-44 所示。

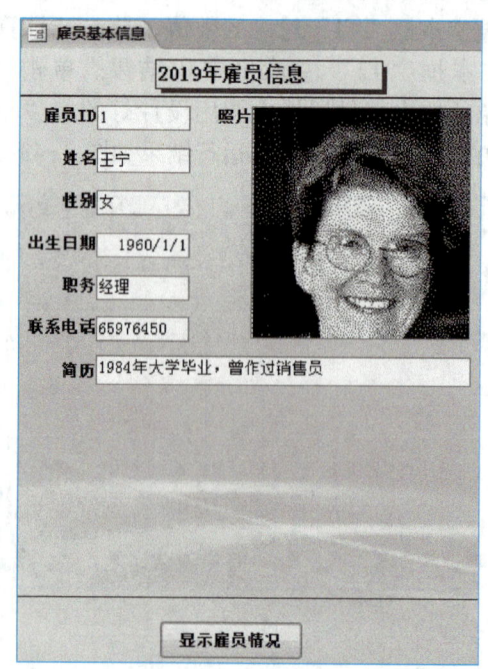

图 7-44 "fEmployee"在"窗体视图"中运行效果

【综合实验 2】数据库文件"VBA_samp2.accdb"中已经设计了窗体对象"fSys",请在此基础上按照以下要求补充设计。

① 将窗体"fSys"的边框样式设置为"对话框边框",并将窗体标题栏显示文本设置为"综合操作"。

② 试根据以下窗体功能要求,补充已给的事件代码,并运行调试。

在窗体中有"用户名称"和"用户密码"两个文本框,名称分别为"tUser"和"tPass",还有"确定"和"退出"两个命令按钮,名称分别为"cmdEnter"和"cmdQuit"。在输入用户名称和用户密码后,单击"确定"按钮,程序将判断输入的值是否正确,如果输入的用户名称为"cueb",用户密码为"1234",则显示消息框,消息框标题为"欢迎",显示内容为"密码输入正确,欢迎进入系统!",消息框中只有一个"确定"按钮,当单击"确定"按钮后,关闭该窗体;如果输入不正确,则消息框显示"密码错误!",同时清除"tUser"和"tPass"两个文本框中的内容,并将光标置于"tUser"文本框中。单击窗体上的"退出"按钮将关闭当前窗体。

要求运行窗体对象"fSys",在"窗体视图"中输入正确的用户名称和密码时的运行效果如图 7-45 所示,输入错误的用户名称或密码时的运行效果如图 7-46 所示。

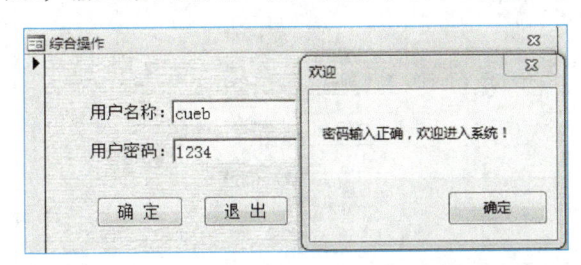

图 7-45　用户名和密码均正确时运行效果

注意:不允许修改窗体对象"fSys"中未涉及的控件、属性和任何 VBA 代码;只允许在"*****Add*****"与"*****Add*****"之间的空行内补充一条代码语句,不允许增删和修改其他位置已存在的语句。

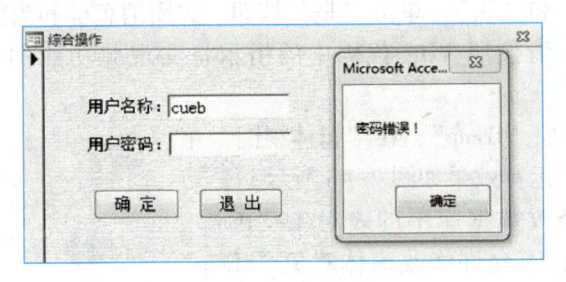

图 7-46　用户名或密码错误时运行效果

【综合实验 3】数据库文件"VBA_samp3.accdb"中已经设计了表对象"tEmp"、窗体对象"fEmp"、报表对象"rEmp"和宏对象"mEmp"。请在此基础上按照以下要求补充设计。

① 将报表"rEmp"的记录数据按照姓氏分组升序排列,同时要求在相关组页眉区域添加一个文本框控件(命名为"tm")显示姓氏信息,如"陈"、"刘"等,组页脚

节汇总各姓氏职工的人数,并配以文字说明。

注意:这里不用考虑复姓等特殊情况,所有姓名的第一个字符视为其姓氏信息。

② 将窗体"fEmp"上名为"bTitle"的标签宽度设置为 5 厘米、高度设置为 1 厘米,设置其标题为"数据信息输出"并居中显示。

③ 将窗体"fEmp"主体节中控件的 Tab 键焦点移动顺序设置为:"tData"→"btnP"→"btnQ"→"CmdQuit"。

④ 单击窗体"fEmp"中的"输出"按钮(名为"btnP"),计算满足表达式 1+2+3+…+n<=30 000 的最大 n 值,并将 n 的值显示在窗体上名为"tData"的文本框中。单击"打开表"命令按钮(名为"btnQ"),代码调用宏对象"mEmp"以打开数据表"tEmp"。

要求运行窗体对象"fEmp",在"窗体视图"中单击"输出"按钮的运行效果如图 7-47 所示。

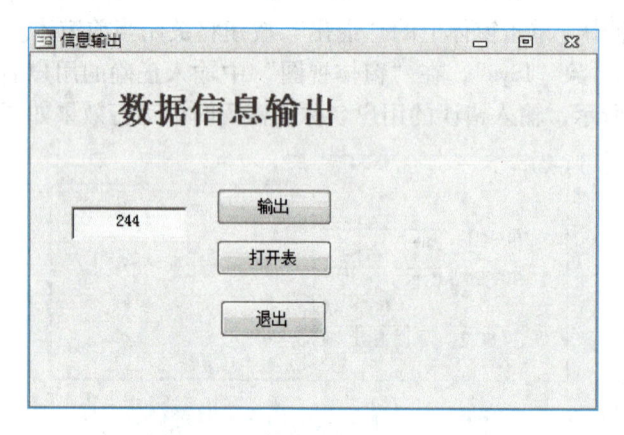

图 7-47 "输出"按钮运行效果

⑤ 单击窗体"fEmp"中的"退出"按钮(名为"CmdQuit"),弹出消息框。消息框标题为"提示",消息框内容为"确认退出?",并显示问号图标;消息框中有两个按钮,分别为"是"和"否",单击"是"按钮,关闭消息框和当前窗体,单击"否"按钮,关闭消息框。请按照 VBA 代码中的指示将实现此功能的代码填入指定的位置中。

要求运行窗体对象"fEmp",在"窗体视图"中单击"退出"按钮的运行效果如图 7-48 所示。

注意:不允许修改数据库中的表对象"tEmp"和宏对象"mEmp";不允许修改窗体对象"fEmp"和报表对象"rEmp"中未涉及的控件和属性;只允许在"*****Add*****"与"****Add*****"之间的空行内补充语句完成设计,不允许增加、删除和修改其他位置已存在的语句。

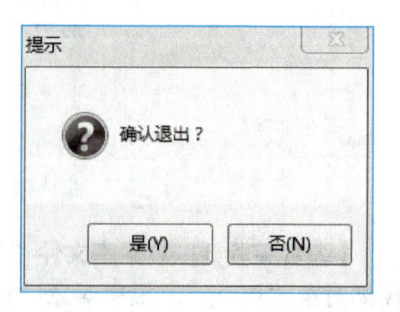

图 7-48 "退出"按钮运行效果

附　　录

附录 1　全国计算机等级考试二级 Access 数据库程序设计考试大纲（2018 年版）

基本要求

① 掌握数据库系统的基础知识。
② 掌握关系数据库的基本原理。
③ 掌握数据库程序设计方法。
④ 能够使用 Access 建立一个小型数据库应用系统。

考试内容

一、数据库基础知识

1. 基本概念
数据库，数据模型，数据库管理系统等。
2. 关系数据库基本概念
关系模型，关系，元组，属性，字段，域，值，关键字等。
3. 关系运算基本概念
选择运算，投影运算，连接运算。
4. SQL 命令
查询命令，操作命令。
5. Access 系统基本概念

二、数据库和表的基本操作

1. 创建数据库
2. 建立表
① 建立表结构。
② 字段设置，数据类型及相关属性。
③ 建立表间关系。
3. 表的基本操作
① 向表中输入数据。
② 修改表结构，调整表外观。
③ 编辑表中数据。

④ 表中记录排序。
⑤ 筛选记录。
⑥ 汇总数据。

三、查询

1. 查询基本概念
① 查询分类。
② 查询条件。
2. 选择查询
3. 交叉表查询
4. 生成表查询
5. 删除查询
6. 更新查询
7. 追加查询
8. 结构化查询语言 SQL

四、窗体

1. 窗体基本概念
窗体的类型与视图。
2. 创建窗体
窗体中常见控件，窗体和控件的常见属性。

五、报表

1. 报表基本概念
2. 创建报表
报表中常见控件，报表和控件的常见属性。

六、宏

1. 宏基本概念
2. 事件的基本概念
3. 常见宏操作命令

七、VBA 编程基础

1. 模块基本概念
2. 创建模块
① 创建 VBA 模块：在模块中加入过程，在模块中执行宏。
② 编写事件过程：键盘事件，鼠标事件，窗口事件，操作事件和其他事件。
3. VBA 编程基础
① VBA 编程基本概念。

② VBA 流程控制：顺序结构，选择结构，循环结构。
③ VBA 函数/过程调用。
④ VBA 数据文件读写。
⑤ VBA 错误处理和程序调试（设置断点，单步跟踪，设置监视窗口）。

八、VBA 数据库编程

1. VBA 数据库编程基本概念

ACE 引擎和数据库编程接口技术，数据访问对象（DAO），ActiveX 数据对象（ADO）。

2. VBA 数据库编程技术

考试方式

上机考试，考试时长 120 分钟，满分 100 分。

1. 题型及分值

单项选择题 40 分（含公共基础知识部分 10 分）。

操作题 60 分（包括基本操作题、简单应用题及综合应用题）。

2. 考试环境

操作系统：中文版 Windows 7。

开发环境：Microsoft Office Access 2010。

附录 2 全国计算机等级考试二级 Access 数据库程序设计模拟考试操作样题

基本操作题

在考生文件夹下，"samp1.accdb"数据库文件中已建立 3 个关联表对象（名为"线路"、"游客"和"团队"）和窗体对象"brow"。试按以下要求，完成表和窗体的各种操作。

① 按照以下要求修改表的属性。

"线路"表：设置"线路 ID"字段为主键、"线路名"字段为必填字段。

"团队"表：设置"团队 ID"字段为有索引（无重复）、"导游姓名"字段为必填字段。

按照以下要求修改表结构。

向"团队"表增加一个字段，字段名称为"线路 ID"，字段类型为文本型，字段大小为 8。

② 分析"团队"表的字段构成，判断并设置主键。

③ 建立"线路"和"团队"两表之间的关系并实施参照完整。

④ 将考生文件夹下 Excel 文件"Test.xlsx"中的数据链接到当前数据库中。要求：数据中的第一行作为字段名，链接表对象命名为"tTest"。

⑤ 删除"游客"表对象。

⑥ 修改"brow"窗体对象的属性，取消"记录选择器"和"分隔线"显示，将窗体标题栏的标题改为"线路介绍"。

简单应用题

考生文件夹下存在一个数据库文件"samp2.accdb"，里面已经设计好两个表对象住宿登记表"tA"和住房信息表"tB"，其中"tA"和"tB"表中"房间号"的前两位为楼号。试按以下要求完成设计。

① 创建一个查询，查找楼号为"01"的客人记录，并显示"姓名"、"入住日期"和"价格"3 个字段内容，所建查询命名为"qT1"。

② 创建一个查询，按输入的房间价格区间查找，显示"房间号"字段信息。当运行查询时，应分别显示提示信息"最低价"和"最高价"，所建查询命名为"qT2"。

③ 以表对象"tB"为基础，创建一个交叉表查询。要求：选择楼号为行标题列名称显示为"楼号"，"房间类别"为列标题来统计输出每座楼房的各类房间的平均房价信息。所建查询命名为"qT3"。

注：房间号的前两位为楼号。交叉表查询不做各行小计。

④ 创建一个查询，统计出各种类别房屋的数量。所建查询显示两列内容，列名称分别为"type"和"num"，所建查询命名为"qT3"。

综合应用题

在考生文件夹下有一个数据库文件"samp3.accdb",里面已经设计了表对象"tEmp"、窗体对象"fEmp"、报表对象"rEmp"和宏对象"mEmp"。试在此基础上按照以下要求补充设计。

① 设置表对象"tEmp"中"年龄"字段的有效性规则为年龄值在 20 到 50 之间(不含 20 和 50),相应有效性文本设置为"请输入有效年龄"。

② 设置报表"rEmp"按照"性别"字段降序(先女后男)排列输出;将报表页面页脚区域内名为"tPage"的文本框控件设置为"第 N 页/共 M 页"形式显示。

③ 将"fEmp"窗体上名为"btnP"的按钮由灰色无效状态改为有效状态。设置窗体标题为"职工信息输出"。

④ 根据以下窗体功能要求,对已给的命令按钮事件过程进行补充和完善。在"fEmp"窗体上单击"输出"按钮(名为"btnP"),弹出一个输入对话框,其提示文本为"请输入大于 0 的整数值"。

输入 1 时,相关代码关闭窗体(或程序)。

输入 2 时,相关代码实现预览输出报表对象"rEmp"。

输入>=3 时,相关代码调用宏对象"mEmp"以打开数据表"tEmp"。

注意:不要修改数据库中的宏对象"mEmp";不要修改窗体对象"fEmp"和报表对象"rEmp"中未涉及的控件和属性;不要修改表对象"tEmp"中未涉及的字段和属性。

程序代码只允许在"*****Add*****"与"*****Add*****"之间的空行内补充一行语句完成设计,不允许增删和修改其他位置已存在的语句。

附录3 全国计算机等级考试二级 Access 数据库程序设计考试样题

选择题（40分）

1. 下面属于工具（支撑）软件的是（　　）。
   A. 财务管理系统　　　　　　　　B. Windows 操作系统
   C. 编辑软件 Word　　　　　　　 D. 数据库管理系统

2. 学籍管理系统中学生和学籍档案之间的联系是（　　）。
   A. $M:N$　　　　　　　　　　　 B. $1:N$
   C. $1:1$　　　　　　　　　　　 D. $N:1$

3. 在学生中考报名系统中有考生表（姓名、性别、身份证号、生日、年龄、联系电话、考生所在地，…）和志愿表（身份证号，志愿学校，志愿专业），在设计数据表时，考生表和志愿表之间的关系是（　　）。
   A. 一对多关系　　　　　　　　　B. 一对一关系
   C. 多对一关系　　　　　　　　　D. 多对多关系

4. 数据库中有"作者"表（作者编号、作者名）、"读者"表（读者编号、读者名）和"图书"表（图书编号、图书名、作者编号）等3个基本情况表。如果一名读者借阅过图书，便与这本书的作者之间形成了"读者-作者"关系，为反映这种关系，在数据库中应增加新表。下列关于新表的设计中，最合理的设计是（　　）。
   A. 增加一个表：借阅表（读者编号、图书编号、作者编号）
   B. 增加一个表：读者-作者表（读者编号、作者编号）
   C. 增加两个表：借阅表（读者编号、图书编号），读者-作者表（读者编号、作者编号）
   D. 增加一个表：借阅表（读者编号、图书编号）

5. 定义学生选修课程的关系模式如下：
   SC(S#,Sn,C#,Cn,G,Gr,T#)（其属性分别为学号、姓名、课程号、课程名、成绩、学分、授课教师号），假定学生和课程都会有重名，则该关系的主键是（　　）。
   A. (S#,C#)　　　　　　　　　　 B. (Sn,C#)
   C. (S#,Cn)　　　　　　　　　　 D. (Sn,Cn)

6. 下列关于 Access 2010 的叙述中，正确的是（　　）。
   A. 不能引用外部数据源中的数据　 B. 表的数据表视图只用于显示数据
   C. 不能更新链接的外部数据源的数据　D. 表的设计视图只用于定义表结构

7. 下列与 Access 表相关的叙述中，错误的是（　　）。
   A. Access 中的数据库表既相对独立又相互联系
   B. Access 数据库中的表由字段和记录构成
   C. 设计表的主要工作是设计表的字段和属性
   D. Access 不允许在同一个表中有相同的数据

8. 要修改表中的记录，应选择的视图是（　　）。
   A. 数据透视图　　　　　　B. 布局视图
   C. 数据表视图　　　　　　D. 设计视图
9. 要求在输入学生所属专业时，专业名称必须包括汉字"专业"，应定义字段的属性是（　　）。
   A. 有效性规则　　　　　　B. 默认值
   C. 输入掩码　　　　　　　D. 有效性文本
10. 如果字段"考查成绩"的取值范围为小写字母 a~e，则下列选项中错误的有效性规则是（　　）。
    A. "a"<=[考查成绩]<="e"
    B. >="a" And <="e"
    C. 考查成绩>="a" And 考查成绩<="e"
    D. [考查成绩]>="a" And [考查成绩]<="e"
11. 要在 Access 数据库中建立"学生成绩表"，包括字段（学号，平时成绩，期末成绩，总成绩），其中平时成绩为 0~20 分，期末成绩和总成绩均为 0~100 分，总成绩为平时成绩+期末成绩*80%。则在创建表时，错误的操作是（　　）。
    A. 将"学号"字段设置为主关键字
    B. 将"总成绩"字段设置为计算类型并设置计算公式
    C. 将"平均成绩"和"期末成绩"字段设置为数字类型
    D. 为"平时成绩"、"期末成绩"和"总成绩"字段设置有效性规则
12. 将"查找和替换"对话框的"查找内容"设置为"[!a-c]def"，其含义是（　　）。
    A. 查找"!a-cdef"字符串
    B. 查找"[!a-c]def"字符串
    C. 查找"!adef"、"!bdef"或"!cdef"的字符串
    D. 查找以"def"结束，且第一位不是"a"、"b"和"c"的 4 位字符串
13. 下列关于查询能够实现的功能的叙述中，正确的是（　　）。
    A. 选择字段，选择记录，编辑记录，实现计算，建立新表，建立数据库
    B. 选择字段，选择记录，编辑记录，实现计算，建立新表，更新关系
    C. 选择字段，选择记录，编辑记录，实现计算，建立新表，设置格式
    D. 选择字段，选择记录，编辑记录，实现计算，建立新表，建立基于查询的查询
14. 以下关于操作查询的叙述中，错误的是（　　）。
    A. 可以使用生成表查询覆盖数据库中已存在的表
    B. 在更新查询中可以使用计算功能
    C. 若两个表结构不一致，即使有相同字段也不能进行追加查询
    D. 删除查询主要用于删除符合条件的记录
15. 在显示查询结果时，若要将数据表中的"date"字段名显示为"日期"，则应进行的相关设置是（　　）。

A. 在查询设计视图的"显示"行中输入"日期"
B. 在查询设计视图的"显示"行中输入"日期:date"
C. 在查询设计视图的"字段"行中输入"日期"
D. 在查询设计视图的"字段"行中输入"日期:date"

16. 下列关于 SQL 语句的说明中，正确的是（　　）。
    A. INSERT 与 GROUP BY 关键字一起使用可以分组向表中插入记录
    B. UPDATE 与 GROUP BY 关键字一起使用可以分组对表更新记录
    C. DELETE 不能与 GROUP BY 一起使用
    D. SELECT 不能与 GROUP BY 一起使用

17. 与 Select * From 学生 Where InStr([简历],"江西")<>0 功能相同的 SQL 命令是（　　）。
    A. Select * From 学生 Where 简历 Like"江西"
    B. Select * From 学生 Where 简历 Like"江西">0
    C. Select * From 学生 Where 简历 Like"江西"<>0
    D. Select * From 学生 Where 简历 Like"*江西*"

18. "学生"表中有姓名、性别、出生日期等字段，要查询女生中年龄最小的学生，并显示姓名、性别和年龄，正确的 SQL 命令是（　　）。
    A. SELECT 姓名,性别,MIN(YEAR(DATE())-YEAR([出生日期])) AS 年龄　FROM 学生 WHERE 性别=女
    B. SELECT 姓名,性别,年龄 FROM 学生　WHERE 年龄=MIN(YEAR(DATE())-YEAR([出生日期])) AND 性别="女"
    C. SELECT 姓名,性别,MIN(YEAR(DATE())-YEAR([出生日期])) AS 年龄　FROM 学生 WHERE 性别="女"
    D. SELECT 姓名,性别,YEAR(DATE())-YEAR([出生日期]) AS 年龄 FROM 学生　WHERE YEAR(DATE())-YEAR([出生日期])=(SELECT MIN(YEAR(DATE())-YEAR([出生日期])) FROM 学生 WHERE 性别="女") AND 性别="女"

19. 在学生表中，有姓名、性别、年龄等字段，查询并显示男生中年龄最大的考生的姓名、性别和年龄 3 列信息，正确的 SQL 语句是（　　）。
    A. SELECT TOP 1 姓名,性别,Max(年龄) AS 年龄 FROM 学生表 WHERE 性别="男" ORDER BY 年龄 DESC
    B. SELECT TOP 1 姓名,性别,年龄 FROM 学生表 WHERE 性别="男" ORDER BY 年龄 ASC
    C. SELECT TOP 1 姓名,性别,Max(年龄) AS 年龄 FROM 学生表 WHERE 性别="男" ORDER BY 年龄 ASC
    D. SELECT TOP 1 姓名,性别,年龄 FROM 学生表 WHERE 性别="男" ORDER BY 年龄 DESC

20. 有关系 Students（学号，姓名，性别，专业），下列 SQL 语句中有语法错误的是（　　）。

A. SELECT * FROM Students WHERE 1<>1
B. SELECT * FROM Students WHERE 专业="计算机"
C. SELECT * FROM Students WHERE 专业="计算机"&"科学"
D. SELECT * FROM Students WHERE "姓名"=李明

21. 在设计窗体时，如果内容无法在窗体的一个页面中全部显示，可在窗体上分类显示不同的信息，则需要使用的控件是（　　）。
    A. 选项卡　　　B. 选项按钮　　　C. 切换按钮　　　D. 选项组

22. 在设计"学生基本信息"输入窗体时，学生表"民族"字段的输入是由"民族代码库"中事先保存的"民族名称"确定的，则选择"民族"字段对应的控件类型应该是（　　）。
    A. 组合框或列表框控件　　　　B. 切换按钮控件
    C. 复选框控件　　　　　　　　D. 文本框控件

23. 若要使窗体上的控件"Command0"不可用，正确的设置是（　　）。
    A. Command0.Enable=False　　　B. Command0.Enable=True
    C. Command0.Visible=False　　　D. Command0.Visible=True

24. 在 VBA 中，要引用"学生"窗体中的控件对象，错误的格式是（　　）。
    A. Forms!学生!控件名称[!属性名称]
    B. Forms!学生!控件名称[.属性名称]
    C. Forms!学生.控件名称[.属性名称]
    D. Forms.学生.控件名称[.属性名称]

25. 已知费用审核窗体如图附录 3-1 所示，单价对应的文本框名为"txtDJ"，数量对应的文本框名为"txtSL"，备注对应的文本框名为"txtBZ"。审核时，如果费用超过 800 元，则备注栏显示"请主管签字确认"；否则，显示计算出的费用合计。

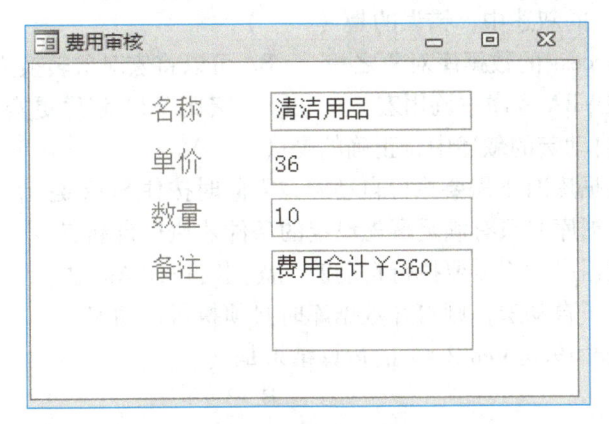

图附录 3-1　费用审核

下列选项中，文本框 txtBZ 的控件来源表达式书写错误的是（　　）。
A. =IIf([txtSL]*[txtDJ]>=800,"请主管签字确认","费用合计"+"￥"+[txtSL]*[txtDJ])
B. =IIf([txtSL]*[txtDJ]>=800,"请主管签字确认","费用合计"+"￥"&

[txtSL]*[txtDJ])

C. =IIf([txtSL]*[txtDJ]>=800,"请主管签字确认","费用合计"+"¥"+Str([txtSL]*[txtDJ]))

D. =IIf([txtSL]*[txtDJ]>=800,"请主管签字确认","费用合计"&"¥"&([txtSL]*[txtDJ]))

26. 下列关于报表和窗体的叙述中，正确的是（　　）。
  A. 报表和窗体都可以输入和输出数据
  B. 为简化报表设计可以用窗体设计替代报表设计
  C. 窗体能输入、输出数据，报表只能输出数据
  D. 窗体只能输出数据，报表能输入和输出数据

27. 下列控件中，可以在窗体设计中使用而在报表设计中不能使用的控件是（　　）。
  A. 选项卡控件　　　　　　　　　B. 插入分页符
  C. Web 浏览器控件　　　　　　　D. 文本框

28. 在已设计的"学生报名情况"报表中，有一个文本框控件的来源属性设置为"=count(*)"，则错误的描述是（　　）。
  A. 放在报表页脚中显示报表记录源的记录总数
  B. 文本框控件是最常用的计算控件
  C. 可将其放在页面页脚以显示当前页的学生数
  D. 处于不同分组级别的节中，计算结果不同

29. 在报表中，文本框的"控件来源"属性设置为"=IIf(([Page]Mod 2 =0),"页"&[Page],"")"，则下面说法中正确的是（　　）。
  A. 只显示当前页码　　　　　　　B. 只显示偶数页码
  C. 只显示奇数页码　　　　　　　D. 显示全部页码

30. 以下关于宏的叙述中，错误的是（　　）。
  A. 宏是 Access 的数据库对象之一　　B. 可以将宏对象转换为 VBA 程序
  C. 不能在 VBA 程序中调用宏　　　　D. 宏比 VBA 程序更安全

31. 下列关于自动宏的叙述中，正确的是（　　）。
  A. 打开数据库时不需要执行自动宏，需同时按住 Shift 键
  B. 打开数据库时只有满足事先设定的条件才执行自动宏
  C. 打开数据库时不需要执行自动宏，需同时按住 Alt 键
  D. 若设置了自动宏，则打开数据库时必须执行自动宏

32. VBA 表达式 19.5 Mod 2*2 的运算结果是（　　）。
  A. 0　　　　　　　　　　　　　B. 3
  C. 3.5　　　　　　　　　　　　D. 1

33. 登录窗体如图附录 3-2 所示，单击"登录"按钮，当用户名正确则弹出窗口显示"OK"信息，按钮"cmdOK"对应的事件代码是（　　）。
  A. Private Sub cmdOK_Click()
     If txtUser.Value="zhangs" Then MsgBox "OK" Endif
     End Sub

B. Private Sub cmdOK_Click( )
   If txtUser. Value = "zhangs"
       MsgBox "OK"
   Endif
   End Sub
C. Private Sub cmdOK_Click( )
   If txtUser. Value = "zhangs" Then
       MsgBox "OK"
   End Sub
D. Private Sub cmdOK_Click( )
   If txtUser. Value = "zhangs" Then
       MsgBox "OK"
   Endif
   End Sub

图附录 3-2 登录

34. 执行下列程序段后，变量 b 的值是（　　）。
    b = 1
    Do while (b<40)
        b = b * (b+1)
    Loop
    A. 39　　　　B. 40　　　　C. 41　　　　D. 42

35. 窗体上有命令按钮"Command1"，对应的 Click 事件过程如下：
    Private Sub Command1_Click( )
    Dim x As Integer
    x = InputBox("请输入 x 的值")
    Select Case x
        Case 1,2,4,10
            Debug. Print "A"
        Case 5 To 9
            Debug. Print "B"

```
                    Case Is = 3
                        Debug.Print "C"
                    Case Else
                        Debug.Print "D"
                End Select
            End Sub
```
窗体打开运行，单击命令按钮，在弹出的输入框中输入"3"，则"立即窗口"上显示的内容是（   ）。

  A. D   B. C   C. A   D. B

36. 在窗体中有命令按钮"Command1"和3个文本框"Text0"、"Text1"、"Text2"，命令按钮对应的代码过程如下：

```
    Private Sub Command1_Click()
        Dim i, f1, f2 As Integer
        Dim flag As Boolean
        f1 = Val(Me!Text0)
        f2 = Val(Me!Text1)
        If f1 > f2 Then
            i = f2
        Else
            i = f1
        End If
        flag = True
        Do While i > 1 And flag
            If f1 Mod i = 0 And f2 Mod i = 0 Then
                flag = False
            Else
                i = i - 1
            End If
        Loop
        Me!Text2 = i
    End Sub
```

运行程序，在文本框"Text0"和"Text1"中分别输入"15"和"20"，则文本框Text2中显示的结果是（   ）。

  A. 5   B. 15   C. 10   D. 20

37. 在窗体有一个名为"text0"的文本框和一个名为"Command1"的命令按钮，事件过程如下：

```
    Private Sub Command1_Click()
        n = Val(InputBox("请输入n："))
        x = 1
```

```
        y = 1
        k = 0
        Do While k<n
            z = x+y
            x = y
            y = z
            k = k+1
        Loop
        Text0 = Str(z)
    End Sub
```
程序运行后，单击命令按钮，如果输入"5"，则在文本框 Text0 中显示的值是（　　）。

  A. 13   B. 21   C. 34   D. 8

38. 窗体中有文本框"Text1"、"Text2"和"Text3"。运行时在"Text1"中输入整数 m，在"Text2"中输入整数 n（m<n），单击按钮"Command1"统计 m 到 n 之间（含 m 和 n）个位为 9 的整数数量，然后在"Text3"中输出结果。事件代码如下：

```
    Private Sub Command1_Click()
        m = Val(Me!Text1)
        n = Val(Me!Text2)
        count0 = 0
        For k = m To n
            Count0 = 【　　】
        Next k
        Me!Text3 = count0
    End Sub
```

程序【　　】处应填写的语句是（　　）。

  A. count0+IIf(k Mod 9<>0,1,0)

  B. count0+IIf(k Mod 10=9,1,0)

  C. count0+IIf(k Mod 9=0,1,0)

  D. count0+IIf(k Mod 10<>9,1,0)

39. 在窗体中有一个名为"run"的命令按钮，单击该按钮从键盘接收学生成绩，如果输入的成绩不在 0 到 100 分之间，则重新输入；如果输入的成绩正确则进行下一步操作，"run"命令按钮的 Click 的事件代码如下：

```
    Private Sub run_Click()
        Dim flag As Boolean
        result = 0
        flag = true
        Do While flag
            result = Val(InputBox("请输入学生成绩:","输入"))
```

```
            If result>=0 And result<=100 Then
                【    】
            Else
                MsgBox "成绩输入错误,请重新输入"
            End If
        Loop
        Rem 成绩输入正确后的程序代码略
    End Sub
```

为实现程序的功能,程序【 】处不能填写的语句是（   ）。

    A. flag=Not flag   B. flag=False

    C. Exit Do   D. flag=True

40. 以下程序的功能是产生 100 个 0~99 的随机整数,并统计个位上的数字分别是 1,2,3,4,5,6,7,8,9,0 的数的个数。

```
    Private Sub a3()
        Dim x(1 To 10) As Integer,a(1 To 100) As Integer
        Dim p As Integer,j As Integer
        For j=1 To 100
            【    】
            p=a(j) Mod 10
            If p=0 Then p=10
            【    】
        Next j
        For j=1 To 10
            Debug.Print x(j);
        Next j
    End Sub
```

有如下语句:

① a(j)=Int(Rnd*100)

② a(p)=Int(Rnd*100)

③ p=Int(Rnd*100)

④ x(p)=x(p)+1

⑤ x(j)=x(j)+1

⑥ p=p+1

程序中有两个空,将程序补充完整的正确语句是（   ）。

    A. ③⑥   B. ②⑥   C. ①④   D. ②⑤

基本操作题（18 分）

在考生文件夹下,"samp1.accdb"数据库文件中已建立表对象"tEmployee"。具体操作如下。

① 根据"tEmployee"表的结构，判断并设置主键；删除表中的"学历"字段。

② 将"出生日期"字段的有效性规则设置为只能输入大于 16 岁的日期（要求：必须用函数计算年龄）；将"聘用时间"字段的有效性规则设置为只能输入上一年度 9 月 1 日以前（不含 9 月 1 日）的日期（要求：本年度年号必须用函数获取）；将表的有效性规则设置为输入的出生日期小于输入的聘用时间。

③ 在表结构中的"简历"字段后增加一个新字段，字段名称为"在职否"，字段类型为"是/否"型；将其默认值设置为真。

④ 将有"书法"爱好的记录全部删除。

⑤ 将"职务"字段的输入设置为"职员"、"主管"或"经理"。

⑥ 根据"所属部门"字段的值修改"编号"，"所属部门"为"01"，将"编号"的第 1 位改为"1"；"所属部门"为"02"，将"编号"的第 1 位改为"2"，依次类推。

简单应用题（24 分）

考生文件夹下有一个数据库文件"samp2.accdb"，其中存在已经设计好的表对象"tStud"和"tTemp"。"tStud"表是学校历年来招收的学生名单，每名学生均有身份证号。对于现在正在读书的"在校学生"，均有家长身份证号，对于已经毕业的学生，家长身份证号为空。例如，表中学生"张春节"没有家长身份证号，表示张春节已经从本校毕业，是"校友"。表中学生"李强"的家长身份证号为"110107196201012370"，表示李强为在校学生。由于在 tStud 表中身份证号"110107196201012370"对应的学生姓名是"李永飞"，表示李强的家长李永飞是本校校友。"张天"的家长身份证号"110108196510015760"，表示张天是在校学生；由于在 tStud 表中身份证号"110108196510015760"没有对应的记录，表示张天的家长不是本校的校友。请按下列要求完成设计。

① 创建一个查询，要求显示在校学生的"身份证号"和"姓名"两列内容，所建查询命名为"qT1"。

② 创建一个查询，要求按照身份证号码找出所有学生家长是本校校友的学生记录。输出学生身份证号、姓名及家长姓名 3 列内容，标题显示为"身份证号"、"姓名"和"家长姓名"，所建查询命名为"qT2"。

③ 创建一个查询，统计数学成绩为 100 分的学生人数，标题显示为"num"，所建查询命名为"qT3"。要求：使用"身份证号"字段进行计数统计。

④ 创建一个查询，将"Stud"表中总分成绩超过 270 分（含 270）的学生信息追加到空表"tTemp"中。其中，"tTemp"表的入学成绩为学生总分，所建查询命名为"qT4"。

综合应用题（18 分）

考生文件夹下存在一个数据库文件"samp3.accdb"，里面已经设计好表对象"tNorm"和"tStock"，查询对象"qStock"和宏对象"m1"，同时还设计出以"tNorm"和"tStock"为数据源的窗体对象"fStock"和"fNorm"。具体要求如下。

① 在"fStock"窗体对象的窗体页眉节添加一个标签控件,其名称为"bTitle",初始化标题显示为"库存浏览",字体名称为"黑体",字号为18,字体粗细为"加粗"。

② 在"fStock"窗体对象的窗体页脚节添加一个命令按钮,命名为"bList",按钮标题为"显示信息"。

③ 设置所建命令按钮"bList"的单击事件属性为运行宏对象"m1"。

④ 设置相关属性,取消在子窗体中添加新记录的功能;将"fStock"窗体对象中的"tNorm"子窗体的导航按钮删掉。

⑤ 创建窗体对象"fStock"的加载事件,实现设置窗体标题为"****####"。其中****为系统日期的4位当前年,用函数获取,####则要引用"bTitle"标签的标题内容,要求用VBA代码实现。

⑥ 创建窗体对象"fStock"的合适事件,实现窗体上"btime"标签显示动态数字时钟,要求输出格式为"12:05:08"。其中,时间用函数获取,要求用VBA代码实现。

注意:不允许修改窗体对象中未涉及的控件和属性;不允许修改表对象"tNorm"、"tStock"和宏对象"m1"。

选择题参考答案

题号	答案	题号	答案	题号	答案	题号	答案	题号	答案
1	D	9	A	17	D	25	A	33	D
2	C	10	A	18	D	26	C	34	D
3	A	11	A	19	D	27	C	35	B
4	D	12	D	20	D	28	C	36	A
5	A	13	D	21	A	29	B	37	A
6	D	14	C	22	A	30	C	38	B
7	D	15	D	23	A	31	A	39	D
8	C	16	C	24	A	32	A	40	C

参考文献

[1] 教育部考试中心. 全国计算机等级考试二级教程——Access 数据库程序设计（2018 年版）[M]. 北京：高等教育出版社，2018.

[2] 刘卫国. Access 数据库基础与应用 [M]. 2 版. 北京：北京邮电大学出版社，2013.

[3] 谭浩强. Access 及其应用系统开发 [M]. 北京：清华大学出版社，2002.

[4] 何春林，宋运康. Access 应用技术基础教程（2010 版）[M]. 北京：中国水利水电出版社，2015.

[5] 纪澍琴，刘威，王宏志. Access 数据库应用基础教程 [M]. 2 版. 北京：北京邮电大学出版社，2014.

[6] 王珊，萨师煊. 数据库系统概论 [M]. 4 版. 北京：高等教育出版社，2006.

[7] 施伯乐，丁宝康，汪卫. 数据库系统教程 [M]. 3 版. 北京：高等教育出版社，2008.

郑重声明

高等教育出版社依法对本书享有专有出版权。任何未经许可的复制、销售行为均违反《中华人民共和国著作权法》，其行为人将承担相应的民事责任和行政责任；构成犯罪的，将被依法追究刑事责任。为了维护市场秩序，保护读者的合法权益，避免读者误用盗版书造成不良后果，我社将配合行政执法部门和司法机关对违法犯罪的单位和个人进行严厉打击。社会各界人士如发现上述侵权行为，希望及时举报，本社将奖励举报有功人员。

反盗版举报电话　（010）58581999　58582371　58582488
反盗版举报传真　（010）82086060
反盗版举报邮箱　dd@hep.com.cn
通信地址　北京市西城区德外大街4号
　　　　　高等教育出版社法律事务与版权管理部
邮政编码　100120

防伪查询说明

用户购书后刮开封底防伪涂层，利用手机微信等软件扫描二维码，会跳转至防伪查询网页，获得所购图书详细信息。也可将防伪二维码下的20位密码按从左到右、从上到下的顺序发送短信至106695881280，免费查询所购图书真伪。

反盗版短信举报

编辑短信"JB，图书名称，出版社，购买地点"发送至10669588128

防伪客服电话

（010）58582300